AI办公应用实战一本通

用AIGC工具成倍提升工作效率

曾志超 王楠 陈韵巧 刘昌源◎著

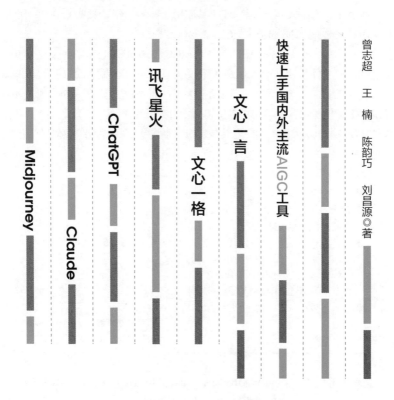

快速上手国内外主流AIGC工具

文心一言

文心一格

讯飞星火

ChatGPT

Claude

Midjourney

人民邮电出版社
北京

图书在版编目（CIP）数据

AI办公应用实战一本通 : 用AIGC工具成倍提升工作效率 / 曾志超等著. -- 北京 : 人民邮电出版社，2023.9
ISBN 978-7-115-62427-7

Ⅰ. ①A… Ⅱ. ①曾… Ⅲ. ①人工智能－应用－办公自动化 Ⅳ. ①TP18②TP317.1

中国国家版本馆CIP数据核字(2023)第141796号

内 容 提 要

在以 ChatGPT 为代表的大模型掀起 AIGC（人工智能生成内容）应用热潮之后，各行各业都希望深入了解流行的 AI 工具，将其引入日常工作，以节省工作时间，提高办公效率。本书作者团队较早开始将 AI 工具应用于实际工作，积累了丰富的使用经验，因此为没有太多技术基础的职场人士创作了这本实操指南。

本书分为三篇，上篇是基础篇，介绍了 AIGC 的基础知识及其应用潜力；中篇是工具篇，介绍了 AI 文本应用、AI 绘画和 AI 图像处理的国内外流行工具的基本功能和基础用法；下篇是应用篇，分别介绍了通用办公场景下的 AI 应用以及不同行业、不同岗位的典型办公场景下的 AI 应用。书中提供了大量的实用案例，读者可以参考并模仿操作。

本书适合各类职场人士阅读，尤其是工作内容涉及较多文字撰写和处理、图形图像设计和处理的人员。

◆ 著　曾志超　王　楠　陈韵巧　刘昌源
责任编辑　陈　宏
责任印制　彭志环

◆ 人民邮电出版社出版发行　　北京市丰台区成寿寺路 11 号
邮编 100164　电子邮件 315@ptpress.com.cn
网址 https://www.ptpress.com.cn
北京瑞禾彩色印刷有限公司印刷

◆ 开本：880×1230　1/32
印张：7　　　　　　　　　　2023 年 9 月第 1 版
字数：100 千字　　　　　　　2023 年 9 月北京第 1 次印刷

定　价：59.80 元

读者服务热线：（010）81055656　印装质量热线：（010）81055316
反盗版热线：（010）81055315

广告经营许可证：京东市监广登字 20170147 号

看到这本书，既感到惊喜又觉得解渴。大模型爆火之后可谓"人人自危"，职场人尤其应该快速掌握使用大模型的方法、训练大模型的技能，本书的出版满足了大家的这个需求。这本书可以帮助读者快速了解各类大模型，也适合作为日常办公工具书。

英诺天使基金品牌管理中心总经理　姜艳艳

参加了本书作者举办的 AI 应用分享会后，我就盼望着他们赶快出书。他们的分享令人怦然心动，他们写的书无疑是一本很好的工具书。AI 是一种工具，其价值在于帮助我们提升职场核心竞争力，包括分析问题、解决问题、高效沟通等，从而降低必须做好的事情的难度。同时，对于必须好好做的事情，比如提出一个好问题，AI 可以扮演一位永不厌烦的顾问。我非常喜欢这本书，诚意推荐给大家。

德勤中国合伙人　王立新

在 AIGC 的大航海时代，大多数图书专注于教人如何造船，而普通人只需要一张船票。本书正是那张弥足珍贵的船票，从实际应用的角度带领大家亲身体验 AIGC 的波澜壮阔。作者通过日常工作中的典型案例，让人得以一窥 AIGC 的无限可能。这本书可以让你不再被动观望，而是成为 AIGC 时代的积极参与者。

云计算领域头部公司技术专家　唐宇

在这个 AI 和大数据的时代，AI 的发展不断加速，深刻改变着各行各业的生产和经营方式。这本书提供了一个全新的视角，即如何让 AI 赋能职场，创新解决问题的方式。阅读本书之后，你不仅能应用 AI 提高自己的工作效率，还能激发创新思维，驱动自己的职业生涯进入一个全新的阶段。

中关村科技租赁股份有限公司市场运营部总监　林祐頡

近来 AI 技术的发展速度之快，可以说是所有人都始料未及的。很多人都在焦虑，担心自己的岗位会被 AI 取代，但这本书会手把手地教你怎么才能把包括 ChatGPT 等在内的 AI 工具真正用到日常的工作场景中。任何科技进步都是双刃剑，而如何使用才是关键。

希望每一位读者都能通过这本书获得启发，从而在 AI 时代真正到来时更具有竞争力。

前 4A 广告人、谱天（天津）生物科技有限公司品牌总监　孙琳

以 ChatGPT 为代表的 AI 工具的爆火犹如一声惊雷，其影响力几乎渗透到各行各业。掌握了它就像拥有了宝器，可以乘风破浪；相反，无法掌握它，就有可能被它取代，成为沙滩上的"前浪"。我认为这本书就是 AI 办公应用博物馆里的导览，它精选平台、应用场景，建立逻辑框架并结合案例娓娓道来，帮助读者迅速找到与自己有关的应用场景，从而踏入一个更丰盈、更高效的新世界。

国家大剧院运营统筹　刘霞蔚

本书是国内较早深入介绍 AI 实际办公应用的图书，为职场人提供了宝贵的思路与视角。作者无私分享了大量实战经验，帮助我们省去很多试错时间，轻松上手 AI 工具。通过这本书，我学会了利用 AI 提高工作效率，也看到了 AI 与真实应用场景结合的无限可能。在新技术浪潮中，我们需要这样的连接理论与实践的桥梁，帮助我们控制技术，而不是被技术控制。我把这本书推荐给渴望利用 AI 工具提升工作产出的所有职场人士。

北京迈动智赢科技有限公司产品负责人　兰洋

未来会是什么样的?

简单来说,未来会是一个 AI 的世界。就像人类离不开空气,科技离不开电力,在未来世界中 AI 就和空气、电力一样重要且无处不在。

我们这一代人是非常幸运的。20 世纪 80 年代,我们共同开启了个人计算机时代,接着是网络时代、移动互联网时代,每隔10~15 年就是一个全新的时代,而且,技术更新的速度越来越快,由其驱动的人类社会的前进速度也越来越快。

现在回过头来看,我认为,真正的 AI 元年应该是 2018—2022 年这五年间的某一年,波士顿动力、特斯拉还有 OpenAI,这三家公司成了 AI 世界巨鼎的三足。

从最开始的曲高和寡到特斯拉的自动驾驶四处开花,再到

OpenAI 这家公司推出的 ChatGPT 以前所未有的速度成为世界上最快突破 1 亿用户的产品，这一切都在说明，不管我们准备好了没有，AI 已经来了，而且是以"掀翻桌子、推倒房子"的方式登场的。

与 AI 做朋友吧，好像也只能这样，也必须这样了。

你是否想过，在当下不会上网、没有智能手机的生活会是什么样的？如果不与 AI 做朋友，10 年后，大概就与今天的不会上网、没有智能手机一样。

所以，我建议，每个人尤其是年轻人、中年人，都要积极地了解 AI、学习 AI、使用 AI，谁先掌握，谁就更接近胜利；谁排斥 AI，谁就一定会被淘汰。

翻翻这本书，它不仅仅是故事和知识，更是一把通向未来生活、工作的钥匙，你应该拥有！

北京代码乾坤科技有限公司首席执行官

《佣兵天下》作者

邢山虎

/前　言

　　人工智能（Artificial Intelligence，AI）正以势不可挡之势融入我们的工作和生活，它正在重新定义我们与世界互动的方式，正在颠覆乏味、重复的作业，助推需要不断迸发创意的工作，也正在催生需要丰富想象力的新职业。当 AI 成为我们的"思维伴侣"时，这种密切合作将产生怎样的火花呢？

　　2022 年下半年，大语言模型（Large Language Mode，LLM）出现了爆炸式的发展，恰好我们团队的几位成员都对 AI 有浓厚的兴趣，很快将其运用于工作中，取得了可喜的成果。2023 年 4 月，我们组织了一场以"AI 提升办公效率"为主题的分享会，希望带动更多的职场人运用 AI 提升办公效率和产出质量。我们在这场分享会上偶遇人民邮电出版社的编辑，由此开始整理案例并撰写本书。

　　在创作初期，我们有不少担忧：AI 的发展日新月异，图书作为内容载体，如何跟得上 AI 的发展速度？如何让绝大部分没有太多技术背景的读者都可以快速用上 AI 工具？有些平台在某些方面表现很好，但用户的提示词不精准，AI 反馈不理想，他们是否会对 AI 感到失望？不同职业的读者面对的应用场景各异，如何让他们读完本书之后都有所收获？

诸如此类的问题让我们迟疑，经过多次讨论，我们一一找到了答案。

本书作为国内较早关注 AI 办公应用的图书，内容必然难以完全跟上 AI 技术的更新速度，但是，我们可以针对不同行业和岗位的职场人，提供一套理解和运用 AI 的思维方式和视角，让他们在通读此书后，可以快速地将 AI 工具运用到实际工作中，探索更丰富的应用场景，挖掘 AI 的无穷潜力。

本书重点列举了近 20 个国内外 AI 工具或平台的职场应用案例，在文本、绘图、图片处理等不同应用场景中均有国内外的不同工具或平台供读者选择，它们都是我们在近百个同类工具或平台中优选出来的。当然，书中介绍的 AI 工具或平台对整个 AI 领域来说只是冰山一角。针对不同的应用场景，读者需要寻找最趁手的 AI 工具或平台，这需要大家结合自己的工作场景不断地探索。

除了通用办公场景，本书针对 10 个不同行业和岗位的应用场景做了梳理，如营销与策划、销售与商务、产品运营等。受限于篇幅，我们无法详尽地拆解所有的应用场景，但其中很多应用场景在其他行业或岗位的案例中也会涉及，所以请务必通读所有案例，我们相信大家读完本书之后，一定能提炼出其中具有共性的部分，并且收获满满。

任何一个 AI 工具或平台都不是无可挑剔的，它们的功能一直在调优迭代中。在本书的案例中，我们力求运用多种工具或平台。例如，"Claude（文本）+Mindshow（PPT 生成）+Midjourney（绘图）+ARC（图片处理）"的组合可以满足网站搭建、创意提案、PPT 制作、项目提案、文章初稿撰写、配图等多种需求。多种工具或平台组合应用的价值远远不止书中介绍的这些，希望大家在阅读书中案例时能够抓住不同 AI 应用场景的共通点，将理论知识与实际应用紧密结合，形成系统而全面的认知框架。只有通过跨案例和跨领域的思考，我们才能让 AI 充分发挥威力，使其更高效地完成工作任务。

我们之所以能在短短 1 个月内完成本书的写作，也是因为 AI 帮助我们提高了工作效率，完成了许多原本需要耗费大量时间的任务。我们衷心希望各位读者在本书的启发下，也可以在自己的工作岗位上发掘 AI 的价值，达到事半功倍的效果。

在此，特别感谢以下联合撰写人，他们为本书提供了丰富的职场应用案例：

- 前互爱科技主美、前掌趣科技美术、前搜狐畅游主美、前德国

DECA Games 中国飓风工作室艺术总监，现 AIGC 开放社区领袖**王志强**；

- 中国科学院大学博士**熊炫棠**；
- 北京知行光年咨询有限公司首席执行官**崔相年**；
- 北广互动（北京）广告传媒有限公司设计总监**齐海明**；
- 恒都律师事务所律师**张佩风**；
- 成都书声科技有限公司架构师**刘志国**；

特别感谢英诺天使基金品牌管理中心总经理姜艳艳女士，她的支持与鼓励让这本书有了面世的契机。

谨以此书献给张开双臂迎接 AI 浪潮的你。

/目 录

上篇　基础篇

中篇　工具篇

上篇

基础篇

第1章

认识 AIGC

AIGC 的全称是 Artificial Intelligence Generated Content，意为人工智能生成内容，即通过 AI 生成文本、图像、音频、视频等内容，其有别于专业生成内容（Professional-Generated Content，PGC）和用户生成内容（User-Generated Content，UGC）。

在 2018 年 10 月的佳士得拍卖会上，一幅人物肖像画《埃德蒙德·贝拉米像》（*Portrait of Edmond Belamy*）拍出了 43.25 万美元的高价。这幅肖像画是由巴黎艺术家团体 Obvious 利用 AI 创作的，这是艺术史上第一幅在大型拍卖行被成功拍卖的 AI 画作。

过去几年，随着 2014 年诞生的生成式对抗网络（Generative Adversarial Network，GAN）和 2017 年被提出的 Transformer 架构，

AIGC 应用如雨后春笋般出现，但并没有引起全社会的广泛关注。真正让 AIGC "火出圈"、成为大众媒体焦点的是 2022 年出现的文本生成图像工具 Midjourney 和对话机器人 ChatGPT。

ChatGPT 发布后仅 2 个月，用户数量就突破了 1 亿，成为有史以来用户数量增长最快的产品（见图 1-1）。自此，AI 不再只是一个挂在研究人员嘴边的高端技术词汇，而成了可以被每一位普通人运用到工作和生活中的生产力工具。

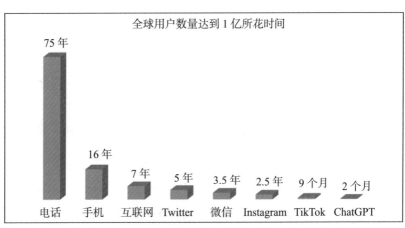

图 1-1　ChatGPT 从发布到全球用户数量突破 1 亿仅用了 2 个月

1.1 AIGC 的 "灵感" 来源

在第一次工业革命的前夜，世界上第一位程序员阿达·洛夫莱斯（Ada Lovelace）于 1843 年在她的论文《关于分析机的笔记》

（*Notes on the Analytical Engine*）中写道："机器不会自命不凡地创造任何事物，它只能根据我们能够给出的指令完成任务。"

AI 也是机器的一种，洛夫莱斯的这句话正是很多人对 AI 的看法：机器不会产生任何新的想法或做出超出指令范围的行为，创造力是人类智能独有的特质之一。即便是在 2022 年大模型爆发之前，人们也普遍相信，AI 不会取代需要创意的工作，只能取代重复性的、机械性的人类工作。不过，眼下我们仿佛也没那么自信了。

法国数学家埃米尔·博雷尔（Emile Borel）于 1913 年提出了"无限猴子定理"（Infinite Monkey Theorem）。这条定理是这样描述的：让一只猴子随机打字，当打字时间无穷长时，它几乎必然能够打出任何给定的文字组合，如莎士比亚的全套著作。该定理说明，在概率空间大到接近无限的情况下，几乎肯定存在各种各样极端的可能性，而人类的各种作品也可以视为文字符号、像素组合的一种可能性。对机器智能而言，它要做的就是找到最符合人类要求的组合，这就是 AI 的创造力。

看起来，机器智能似乎变成了概率统计的延伸，但如果"打字时间"漫长到无限，那么仍然毫无意义。不过，随着 AI 相关技术的不断演进，从深度学习算法到现在的大模型，以及硬件设备计算性能的提升，AIGC 的"打字时间"从无限变成了有限，如今甚至已经缩短到了几秒，而输出的图文结果也从最初的错误百出进化到了现在的让人类难辨真假。

2022 年 6 月 15 日，谷歌研究院联合 DeepMind 和斯坦福大学等在 arXiv[①] 上发表了一篇论文《大语言模型的涌现能力》（*Emergent Abilities of Large Language Models*）[②]。该论文提到了大模型拥有复杂推理和思维链[③] 能力，而这个思维链能力是突然"涌现"的。也就是说，当参数规模超过千亿时，思维链能力就出现了指数级爆发（见图 1-2）。

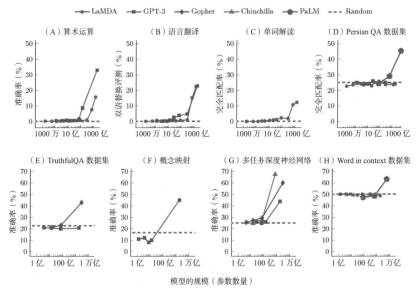

图 1-2　大模型的能力涌现

---

① arXiv 是一个免费的在线科学论文预印本存储库，收录了物理学、计算机科学、数学等多个领域的论文。

② Wei J, Tay Y, Bommasani R, et al. Emergent abilities of large language models[J]. arXiv preprint arXiv:2206.07682, 2022.

③ 思维链是指为大模型提供具体示例的推断步骤，大模型就可以实时学习该推理并给出与该示例相仿的正确答案。

看起来，AI 走出了一条机器智能的演化之路，那就是"大力出奇迹"——大参数量、大算力、大量的训练数据。

1.2 AIGC 的发展历程

AI 发展的终极目标是通用人工智能（Artificial General Intelligence，AGI）。AGI 可以像人类一样理解任意的通用任务并以人类的智力水平完成任务。近年来十分火爆的 ChatGPT 和 AI 绘画都可以视为对 AGI 的探索。

自"计算机科学之父"艾伦·图灵（Alan Turing）于 20 世纪 50 年代在论文中提出机器智能的可能性及验证机器智能的图灵测试（The Turing Test）以来，AI 经过了几十年跌宕起伏的发展，总的来说可以分为四个阶段——萌芽阶段（从 20 世纪 50 年代至 90 年代）、早期探索阶段（从 20 世纪 90 年代至 21 世纪 10 年代）、大规模应用阶段（从 21 世纪 10 年代至 20 年代）和大爆发阶段（从 21 世纪 20 年代至今）。

1. 萌芽阶段

1956 年，在达特茅斯会议上，"人工智能"这一概念诞生。受限于当时的科技水平，AIGC 仅仅停留在实验环境，无法投入实际应用。当时比较有代表性的 AI 应用有第一个 AI 程序——定理证明机器（Theorem Prover）、第一个人机对话机器人伊莉莎（Eliza）、IBM 推出的首个机器翻译系统、第一个专家系统 DENDRAL 等。

2. 早期探索阶段

在这个阶段，AIGC 逐渐从大学和研究机构的实验室走向了实际应用。2006 年，"深度学习之父"杰弗里·辛顿（Geoffrey Hinton）提出了深度学习算法。与此同时，图形处理器（Graphic Processing Unit，GPU）和张量处理器（Tensor Processing Unit，TPU）等设备的算力性能提升，以及互联网数据规模指数级的膨胀，为 AI 算法提供了海量的数据，使 AI 技术产生了跨越式的进步。这个阶段诞生的 AI 应用包括广为人知的第一个打败人类棋手的 AI 程序"深蓝"（Deep Blue）、AI 语音助手（如苹果公司的 Siri、微软公司的 Cortana 和亚马逊公司的 Alexa 等）、搜索引擎及推荐算法、机器翻译程序（如谷歌翻译、讯飞语音翻译等）、自动驾驶等。

3. 大规模应用阶段

在这个阶段，AIGC 应用开始走向成熟。随着 2014 年 GAN 的提出和 2017 年颠覆性的 Tranformer 架构诞生，AIGC 步入繁荣，生成的内容能够以假乱真。在这个阶段诞生的 AI 应用有击败世界围棋冠军李世石的 AlphaGo、谷歌公司发布的第一款现代 AI 绘画应用 DeepDream、英伟达公司（NVIDIA）推出的自动生成图片模型

StyleGAN、OpenAI 公司推出的 GPT-3、谷歌公司推出的 BERT、Anthropic 公司推出的 Claude 等。

4. 大爆发阶段

近年来，随着 Tranformer 架构掀起的风暴，各大厂商和研究机构都开始研发大模型，争相发布了自己的大模型，各类基于大模型的 AIGC 应用百花齐放。OpenAI 发布的 ChatGPT 更是彻底引爆了这场"大模型之战"。

1.3 AIGC 的发展潜力

早期的 AIGC 主要是依据事先设定好的规则进行内容的输出和创作，其中很有代表性的应用之一是专家系统。这个时期的 AI 并不具备学习能力，只能进行特定范围内或规则下的内容生成。例如，最早的对话机器人伊莉莎可以模仿心理治疗师的反应，但需要事先为其定义好规则库。伊莉莎可以根据用户输入的内容，在规则库中匹配合适的回复内容。

深度神经网络（Deep Neural Network，DNN）的提出和升级，是 AIGC 快速发展的一个重要原因。DNN 可以模仿人类大脑神经元的级联结构，用参数权重代表神经元之间的神经递质，从早期的玻尔兹曼机、多层感知机、卷积神经网络（Convolutional Neural

Network，CNN）到 Transform 大模型，DNN 的层级和参数量均呈指数级上升，其能力也如同从爬虫脑进化到人类大脑一般，产生了质变。

目前，AIGC 在文本、图像生成方面的能力已经足以媲美人类，但是在音频、视频和 3D 建模等复杂度很高的领域尚处于起步阶段。AIGC 的文本和图像生成能力的率先"破圈"，与文字和图像在互联网中有更强的传播能力、更容易被大众感知和理解有关，这说明互联网能够提供给大模型训练的文本和图像数据更多。

根据目前相关行业内的各种迹象，我们有理由相信，AIGC 拥有巨大的发展潜力，未来将在更多的领域爆发出巨大的能量，显著地改变我们的工作和生活方式。

1.4 AIGC 领域的代表企业

下面介绍一些已经面向公众开放 AIGC 应用服务的国内外企业，以及它们的代表性产品，其中一些会在本书的应用篇中出现。

1.4.1 国外的代表企业

1. OpenAI 公司

OpenAI 公司创立于 2015 年。2022 年，OpenAI 公司推出了自然语言模型 GPT-3，被戏称为"失业工人制造机"。2022 年 11 月 30 日，OpenAI 公司推出了 ChatGPT，成功引爆了全世界对 AIGC 的热情。

DALL·E 是 OpenAI 公司于 2021 年 1 月推出的一款 AI 图像生成工具，DALL·E 2 是其升级版。DALL·E 这个名字源于西班牙著名艺术家萨尔瓦多·达利（Salvador Dalí）和广受欢迎的皮克斯动画电影《机器人总动员》中的角色机器人瓦力（Wall·E）的组合。

DALL·E 2 拥有出色的文本生成图片能力，发布后不到 3 个月，注册用户数量就超过了 100 万。不过，DALL·E 2 也有不足之处，例如，容易将物体与属性混淆，生成的图像的细节有缺陷，无法将文本放入图像等。

2. Stability AI 公司

2020 年年底，埃马德·莫斯塔克（Emad Mostaque）创立了 Stability AI 公司，它正是 Stable Diffusion 背后的公司。该公司尝试利用 AI 的潜力"唤醒人类的潜力"，其网站顶部赫然写着"AI by the people，for the people"（AI 由人类创造，服务于人类）。

Stable Diffusion 是 Stability AI 公司于 2022 年推出的一款功能强大、免费、开源的文本到图像生成器。它不仅完全开放了图片版权，甚至开放了源代码；它允许用户免费使用，允许后继的创业者使用开源框架构建更加开放、活跃的内容生态。

3. Midjourney 公司

Midjourney 公司是从一个自筹资金的小团队发展起来的，只有 11 名员工，年营收额却高达上亿美元。其创始人大卫·霍尔茨（David Holz）曾担任美国航空航天局和马克斯 - 普朗克天文研究所的研究员，还创办过一家体感控制器制造公司——Leap Motion。据霍尔兹透露，"Midjourney"这个名字的灵感源于《庄子》中的"庄周梦蝶"这一典故，中文含义是"中道"。

Midjourney 公司于 2022 年 7 月推出了一款与公司同名的 AI 绘画应用，它可以根据文本生成图像，操作十分简单，能力非常强大，一经推出就迅速成为媒体和大众的宠儿。

1.4.2 国内的代表企业

1. 百度

百度在 AIGC 领域布局较早。2022 年 8 月，百度发布了文本生成图片模型——文心一格；2023 年 2 月，百度紧跟 ChatGPT 的热潮，推出了类 ChatGPT 对话机器人——文心一言，并于 3 月 16 日正式发布。

文心一言和文心一格都是基于百度深度学习平台——飞桨上的文心大模型构建的子系统。文心大模型还有能进行图文视频处理的 CV 模型和图文视频互转的跨模态模型（文心一言的文生图功能就使用了这个模型），以及数个行业模型。文心一言首发时就直接融合了文心一格，所以不仅可以进行文本聊天，还可以进行绘图，此外还具备一定的语音合成能力。

2. 科大讯飞

科大讯飞是国内 AI 领域的知名企业，早年主要专注于语音识别、机器翻译等领域，推出了一系列国人耳熟能详的产品和应用，如讯飞录音笔、讯飞翻译机、讯飞听见等。科大讯飞于 2022 年 12 月启动讯飞星火认知大模型专项攻关，该大模型最终于 2023 年 5 月 6 日正式发布并面向公众开放。

中篇

工具篇

第**2**章

文本应用

2.1 ChatGPT：文本生成的里程碑

ChatGPT 的全称是 Chat Generative Pre-trained Transformer，是 OpenAI 公司开发的一款基于 GPT 大语言模型的 AI 聊天程序，其主要功能简单来说就是"让用户跟 GPT 模型聊天"。ChatGPT 于 2022 年 11 月发布之后，5 天内用户数量便突破 100 万，短短 2 个月内月活跃用户数量便破亿，成为有史以来用户数量增长最快的应用程序。

究其原因，ChatGPT 的文本生成能力远远超过以往的对话机器人，其表现十分出色，甚至会让用户产生自己在和一个真实的人对话的错觉。2023 年 3 月 14 日，OpenAI 公司发布 GPT-4 模型，将大语言模型的热潮推向了新的高度。

2.1.1 提示词技巧

在各种媒体对 ChatGPT 铺天盖地的宣传中，我们常常会听到这样一个词——"提示词"。

什么是提示词（Prompt）？

简单来说，提示词就是我们发送给 ChatGPT 这类大语言模型的指令。要想获得高质量的输出，就要发出正确的指令。伴随着 AIGC 的火热，提示词也逐渐走进大众的视野，还由此诞生了一种新的职业——提示工程师（Prompt Engineer）。

通常来说，一个好的提示词包含两个组成部分：一是任务目标，二是与任务目标相关的背景信息，如任务背景、输出要求、示例等。

下面介绍一些与 ChatGPT "沟通"的提示词技巧。

1. 提供清晰、具体的指令

技巧 1：设定角色

设定角色是一个非常实用的技巧。在日常交流中，对话双方通常对各自的角色有一定的共识，对话内容不会偏离角色太多。例如，我们不会去跟幼儿园的小朋友聊关于刑事诉讼法的话题。

但是，对 ChatGPT 这类大语言模型来说，在开启一段新的对话时，它并不了解双方的角色，它只会按照自己的默认角色—— 一个 AI 助手——生成回复，这会导致 ChatGPT 提供的答案随机性很大。

以"宇宙的起源是什么"这个问题为例，我们不设定任何角色，向 ChatGPT 提问，结果如图 2-1 所示。

> **Z**　宇宙的起源是什么？
>
> 宇宙起源是一个古老而复杂的问题，科学家和哲学家已经提出了各种理论和假设来解释宇宙的起源，以下是其中两种主要的科学假设。
>
> 1. 大爆炸理论：大爆炸理论是目前被广泛接受的宇宙起源理论。该理论认为，在大约 138 亿年前，整个宇宙是一个非常热、非常密集的点，这个点发生了一次巨大的爆炸，被称为大爆炸，这次爆炸释放了巨大的能量和物质，宇宙开始膨胀和冷却，形成了我们今天所看到的宇宙。
>
> 2. 宇宙膨胀理论：宇宙膨胀理论也被称为暴胀理论或宇宙加速膨胀理论，是对宇宙起源和演化的一种补充和扩展。该理论认为，在宇宙早期的某个时刻，宇宙经历了一次非常快速的膨胀，被称为暴胀，这次暴胀解决了一些传统宇宙起源理论中的问题，并解释了宇宙背景辐射的均匀性和结构形成机制。
>
> 需要注意的是，目前我们对宇宙起源仍然存在许多未知和待解决的问题。科学家们正在继续研究和观测，以更好地理解宇宙的起源和演化。

图 2-1　在指令中没有设定任何角色

然后，我们分别为 ChatGPT 和自己赋予不同的角色，再向 ChatGPT 提问，结果如图 2-2 和图 2-3 所示。设定角色时通常使用的句式是"假设你是（请你扮演或你是一个）××××"。

现在，假设你是一名理论物理学家，我是一个 6 岁的小孩，请解释一下，宇宙的起源是什么？

 嗨！作为一名理论物理学家，我很高兴能够为你解释宇宙的起源。宇宙的起源是一个非常复杂的问题，科学家们一直在努力研究和探索这个问题。目前，我们还没有完全确定的答案，但是有一些关于宇宙起源的理论。

根据当前被广泛接受的理论，宇宙的起源可以追溯到一个被称为"大爆炸"（The Big Bang）的事件。大约 138 亿年前，整个宇宙都处于一个非常高温、高密度的状态，被称为"奇点"。在奇点之后，宇宙开始膨胀和冷却，这就是我们今天所观察到的宇宙。

然而，关于大爆炸之前发生了什么及奇点的性质，我们仍然没有确切的答案。有一些理论提出了关于宇宙起源的假设，如量子波动、多重宇宙或超弦理论等，但是这些理论仍然在研究和验证的过程中。

对一个 6 岁的孩子来说，这些概念可能有些复杂。但是你可以知道，科学家们一直在努力研究宇宙的起源，并且我们的知识在不断地丰富。如果你对宇宙有更多的好奇心，你可以继续学习，也许有一天你会为揭示宇宙的奥秘做出重要的贡献！

图 2-2　在指令中设定对话角色 1

可以看出，当我们为模型和自己设定具体的角色后，ChatGPT就会聚焦于更符合角色设定的知识和经验，提供的答案也会更加切题，而不是漫无目的。

当然，对于一些简单的问题，如"四川的省会是哪里"这类常识性的问题，设定角色与否对答案并没有影响。设定角色这个技巧更适用于一些特定场景或领域的任务。

现在，假设你是一名哲学家，我是一个哲学系的大学生，请告诉找，宇宙的起源是什么？

 作为一名哲学家，我可以告诉你宇宙起源是一个古老而复杂的问题，有许多不同的观点和理论，我将向你介绍几种主要的理论，但请记住，这些只是其中的一些理论，到目前为止关于宇宙起源并没有明确的答案。

1. 大爆炸理论：大爆炸理论是目前被广泛接受的宇宙起源理论。根据这一理论，宇宙起源于约 138 亿年前的一次巨大的爆炸，时间、空间和物质由此诞生。大爆炸之后，宇宙开始膨胀，并逐渐形成了我们今天所看到的宇宙。

2. 混沌理论：混沌理论认为宇宙起源于一种原始的、无序的状态，被称为混沌。根据这一理论，宇宙的起源并非从单一的点开始，而是从一种没有明确定义的状态开始演化。随着时间的推移，混沌逐渐演变成了我们所看到的有序宇宙。

3. 多元宇宙理论：多元宇宙理论提出，宇宙并不是唯一的，而是存在着许多平行宇宙。根据这一理论，宇宙起源于一个超越我们可见宇宙的更大尺度，被称为多元宇宙。每个多元宇宙可能具有不同的物理规律和初始条件，从而形成了各种各样的宇宙形态。

4. 宇宙的无始论：无始论认为宇宙没有明确的起源，它是永恒存在的。根据这一观点，宇宙没有开始的时间点，也没有结束的时间点，它是一个无限连续的存在。无始论的支持者认为，寻找宇宙的起源是一个不可能的任务，因为这超出了我们有限的认知能力。

图 2-3　在指令中设定对话角色 2

技巧 2：提供背景信息

在为 ChatGPT 和自己设定角色之前，我们可以为 ChatGPT 提供更多的与任务相关的背景信息，通过背景信息进一步限制对话的主题和方向，让 ChatGPT 的回答变得更加精准（见图 2-4）。

现在，假设你是一名哲学家。我是一名刚接触哲学的大一学生，正在研究古希腊哲学，并准备写一篇关于古希腊哲学对宇宙起源认识的发展历程的文章。请为我讲解一下，在古希腊哲学家眼中，宇宙的起源是什么？

作为一名哲学家，我很高兴为你解释古希腊哲学家对宇宙起源的理解。古希腊哲学对宇宙起源的认识经历了一个演变的过程，包括不同学派和哲学家的观点。

在古希腊哲学早期，首先要提到的是毕达哥拉斯学派。毕达哥拉斯学派认为宇宙从一个被称为"混沌"的无序原始状态演化而来。他们相信宇宙的进化可以通过数字和几何原理来解释，宇宙的各种现象可以用数学关系和比例来描述。

接下来是希波克拉底学派，他们对宇宙起源的观点更加关注自然和物质的角度。希波克拉底学派认为宇宙起源于被称为"原始物质"的基础元素。他们提出了四种基本元素——土、水、空气和火，这些元素通过不同的组合和变化构成了世间万物。

另一个重要的学派是柏拉图学派，该学派由柏拉图创立。柏拉图认为宇宙起源于一个超越物质世界的理念世界。他将宇宙分为两个层面——可见的物质世界和不可见的理念世界。在理念世界中存在着永恒不变的理念或形式，而物质世界只是这些理念的投影。对柏拉图来说，宇宙的起源与理念世界的生成和演化有密切关系。

最后，亚里士多德提出了他独特的宇宙观。亚里士多德认为宇宙起源于无始无终的"第一动因"，他将其称为"不动之动"。这个第一动因是纯粹的形而上学实体，是一种永恒的、不可变的、自我思考的存在。亚里士多德认为宇宙的运动和变化是由于第一动因的作用，它是推动世界万物发展的原因。

图 2-4　在指令中提供额外的背景信息

技巧 3：提出输出要求

我们还可以对 ChatGPT 输出结果提出具体的要求，ChatGPT 支持不同格式的输出，如 Markdown 格式文本、代码块、简单表格等（见图 2-5）。

现在，假设你是一名哲学家。我是一名刚接触哲学的大一学生，正准备写一篇关于古希腊哲学对宇宙起源认识的发展历程的文章。现在，请你以 Markdown 格式为我编写这篇文章的一级目录，标题不超过 5 个，为每个标题编写一段不超过 30 字的内容简介。

当然，我可以为你以 Markdown 格式编写关于古希腊哲学对宇宙起源认识的发展历程的文章的一级目录。以下是一段包含五个标题和相应简介的 Markdown 格式文本。

一级目录

1. 毕达哥拉斯学派

探索宇宙起源的数字和几何原理，将其描述为无序原始状态的演化过程。

2. 希波克拉底学派

强调基础元素的重要性，将宇宙起源解释为不同元素的组合和变化。

3. 柏拉图学派

推崇理念世界的存在，认为宇宙起源与理念世界的生成和演化密切相关。

4. 亚里士多德

引入"第一动因"这一概念，认为宇宙起源于一个永恒的、不变的存在，第一动因推动着世界的发展。

5. 哲学发展的综合观点

总结各学派对宇宙起源的不同观点，探讨其对哲学发展的影响。

希望这个一级目录能帮助你开始写作。请记住，这只是一个简要的提纲，你可以根据需要进行调整和扩展，以充分展开每个部分的内容。

图 2-5　在指令中提出输出要求

技巧 4：让 ChatGPT 帮我们优化提示词

如果暂时不清楚如何提供清晰、明确的指令，我们也可以借助 ChatGPT 提炼提示词。例如，我们可以先提出一个任务，要求 ChatGPT 向我们提问，以获取它需要的任务背景信息和细节要求（见图 2-6）。

我想写一篇关于不同哲学流派对宇宙起源的认识的文章，我需要你为我生成文章大纲及内容简介。为了让你提供的文章大纲更符合我的预期，你可以要求我提供更多的背景信息和文章大纲要求。现在，请列出你需要了解的信息。

感谢您的请求！为了能够提供更符合您预期的文章大纲，我需要了解以下信息。

1. 您期望讨论的哲学流派：请告诉我您想涵盖的哲学流派。常见的哲学流派包括存在主义、唯物主义、唯心主义、理性主义、经验主义等。如果您希望讨论特定的哲学流派或理论，请告诉我。

2. 您对宇宙起源的理解：请提供您对宇宙起源的观点或理解。您是否认为宇宙有始有终，或者它是永恒存在的？您认为宇宙起源于某种超自然力量，还是更加倾向于科学解释？这些信息将有助于我更好地为您编写文章大纲。

3. 文章的目的和读者群体：请告诉我您撰写这篇文章的目的是什么。您是希望探讨不同哲学流派对宇宙起源的观点，还是希望提供一个综合性的比较分析？此外，您打算面向哪个读者群体写作？面向哲学学者还是一般读者？

4. 文章的长度和结构：请告诉我您期望的文章长度和大致的结构。您是否需要引言、正文和结论？另外，如果您有任何特定的要求或重点，也请告诉我。

提供这些信息将使我能够更好地为您生成文章大纲及内容简介。期待您的回复！

图 2-6　让 ChatGPT 优化提示词

技巧 5：使用定界符分隔提示词中的不同部分

在一些使用场景中，我们需要提供给 ChatGPT 一段文字，让它进行总结或改写，这时提示词就会显得很冗长。这时，使用定界符是一个很有用的技巧。例如，我们可以使用"***"或"###"将提示词中的指令部分和文本部分隔开，以便 ChatGPT 明确哪部分内容才是需要它进行改写的（见图 2-7）。

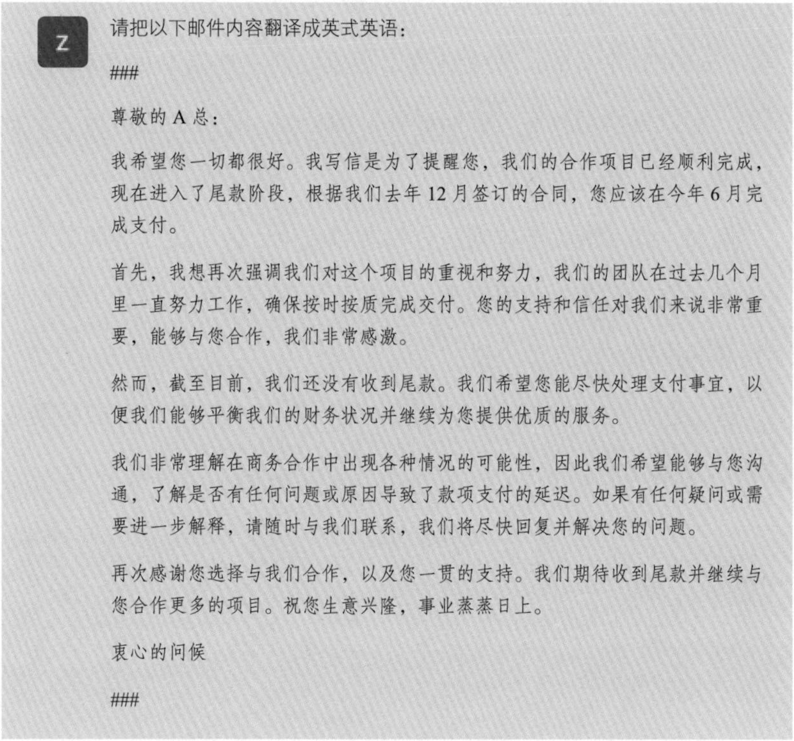

> Z　请把以下邮件内容翻译成英式英语：
>
> ###
>
> 尊敬的 A 总：
>
> 我希望您一切都很好。我写信是为了提醒您，我们的合作项目已经顺利完成，现在进入了尾款阶段，根据我们去年 12 月签订的合同，您应该在今年 6 月完成支付。
>
> 首先，我想再次强调我们对这个项目的重视和努力，我们的团队在过去几个月里一直努力工作，确保按时按质完成交付。您的支持和信任对我们来说非常重要，能够与您合作，我们非常感激。
>
> 然而，截至目前，我们还没有收到尾款。我们希望您能尽快处理支付事宜，以便我们能够平衡我们的财务状况并继续为您提供优质的服务。
>
> 我们非常理解在商务合作中出现各种情况的可能性，因此我们希望能够与您沟通，了解是否有任何问题或原因导致了款项支付的延迟。如果有任何疑问或需要进一步解释，请随时与我们联系，我们将尽快回复并解决您的问题。
>
> 再次感谢您选择与我们合作，以及您一贯的支持。我们期待收到尾款并继续与您合作更多的项目。祝您生意兴隆，事业蒸蒸日上。
>
> 衷心的问候
>
> ###

图 2-7　使用界定符分隔提示词中的不同内容

2. 给模型更多的"思考时间"

ChatGPT 在执行我们发出的任务时，通常会表现得"急于给出结论"。因此，如果我们发出的任务很笼统或提示词的字数很少，ChatGPT 的执行时间就很短，调用的算力也很少，提供的结果出现错误的概率就比较高。

技巧 1：为模型提供任务执行步骤

ChatGPT 并不擅长数学计算，很难完成一些复杂的逻辑推理。但是，大语言模型具有"有问必答"的特性，这会让它给出一个看似合理、实则错误的答案。

例如，有一道关于排列组合的题目：甲乙丙丁戊 5 名同学站成一排参加文艺汇演，若甲同学不站在队伍两端，那么丙和丁两位同学相邻的排列方式有多少种？

这道题目的正确答案应该是 24 种，但 ChatGPT 得出的答案是 15 种（见图 2-8）。

甲乙丙丁戊 5 名同学站成一排参加文艺汇演，若甲同学不站在队伍两端，那么丙和丁两位同学相邻的排列方式有多少种？

首先，我们可以确定甲同学不站在队伍的两端，那么甲同学有 3 个位置可以选择，即第 2 个、第 3 个和第 4 个位置。

然后，我们需要考虑丙和丁两位同学相邻的排列方式。我们可以将丙和丁看作一个整体，即一个人，然后将这个人和其他 4 个人一起排列。这样，我们就有 5 个位置可供选择，即第 1 个、第 2 个、第 3 个、第 4 个和第 5 个位置。

因此，甲同学不站在队伍两端且丙和丁两位同学相邻的排列方式总数为 $3 \times 5 = 15$（种）。

图 2-8　在不提供任务执行步骤的情况下，ChatGPT 给出了错误的答案

但是，如果我们能够提供这道题目的解题步骤，就可以将复杂的计算变成 ChatGPT 可以理解的多步简单运算。还是同一个问题，我们提醒 ChatGPT 可以使用阶乘计算排列组合数量并提供解题步骤之后，它就可以给出正确的答案了（见图 2-9）。

现在有这样一道题：甲乙丙丁戊 5 名同学站成一排参加文艺汇演，若甲同学不站在队伍两端，那么丙和丁两位同学相邻的排列方式有多少种？

我们可以使用阶乘来计算多个实体之间不同排列方式的总数，例如，3 个人一共有 6（3!=3×2×1）种排列方式。现在请按照以下步骤计算上面这道题。

第一步：把丙和丁看成一个人（原先的丙和丁成了现在的丙，原先的戊成了现在的丁）。

第二步：当把丙和丁看成一个人时，总共有 4 个位置。若甲不站在队伍两端，确定甲可以站的位置有几个。

第三步：甲的位置确定之后，计算剩余的人有几种排列方式。

第四步：最终答案应该是第二步的结果乘以第三步的结果，再乘以 2（丙和丁可以互换位置）。

好的，现在按照您提供的步骤来计算这道题。

第一步：把丙和丁看成一个人。现在一共有 4 个人——甲、乙、丙、丁。

第二步：确定甲的位置。由于甲不站在队伍两端，他可以选择站在队伍中间的两个位置。因此，甲有 2 个位置可选。

第三步：确定甲的位置之后，计算剩余的 3 个人（乙、丙和丁）有多少种排列方式。根据排列的原理，有 3!=3×2×1=6 种排列方式。

第四步：考虑丙和丁的相对位置。由于丙和丁可以互换位置，所以每种排列方式都有 2 种不同的情况。

最终答案：第二步的结果乘以第三步的结果，再乘以 2，即 2×6×2=24。

所以，若甲同学不站在队伍两端，丙和丁两位同学相邻的排列方式共有 24 种。

图 2-9　在提供任务执行步骤的情况下，ChatGPT 给出了正确的答案

当然，我们并不建议使用 ChatGPT 进行复杂的计算或逻辑推理。举这个例子只是为了说明，如果我们能为 ChatGPT 提供更详细的任务执行步骤，往往可以得到更好、更准确的结果。

技巧 2：多给 ChatGPT 一些选项

ChatGPT 容易产生"幻觉"是开发者和众多用户一直诟病的问题之一，这里所说的"幻觉"是指大模型会虚构一些看似真实的内

容，非常容易误导用户。合理地使用提示词可以降低 ChatGPT 产生 "幻觉" 的可能性，其中一个技巧是多给 ChatGPT 一些选项。例如，我们可以告诉 ChatGPT："如果你不知道这个问题的答案，请回复 '不知道'。"

在图 2-10 中，中文训练语料较少的 ChatGPT 给出了错误的答案。

鲁迅和周树人是同一个人吗?

不，鲁迅（原名周树人）和周树人是两个不同的人。鲁迅是鲁迅先生的笔名，他的真名是周树人。鲁迅是中国现代著名的作家、思想家和革命家，他以尖锐的批判精神和独特的文风在中国文学史上占据重要地位。周树人是鲁迅的本名，他是中国现代文学的先驱之一，也是一位重要的散文家、文学评论家和教育家。尽管两人有时使用不同的笔名，但他们是同一位作家。

图 2-10　ChatGPT 并不清楚鲁迅和周树人是不是同一个人，但硬要 "不懂装懂"

如果我们在提示词中为 ChatGPT 增加一个可以作为回答的选项（见图 2-11），它就能更准确地判断自己能否回答这个问题，也就降低了其产生 "幻觉" 的可能性。毕竟，如果只有 "不知道" 和 "胡说八道" 两个答案可选，我们更愿意选择前者。

鲁迅和周树人是同一个人吗？如果不了解，仅回复 "不清楚" 即可。在你回答之前，请你再自行检查一遍你的答案，确保回答的准确性。

不清楚。

图 2-11　为 ChatGPT 提供一个不知道答案的情况下的备用答案

2.1.2 ChatGPT 使用"避坑"指南

1. 不要把 ChatGPT 当成搜索引擎

众多 ChatGPT 用户最常犯的一个错误就是把 ChatGPT 当成搜索引擎去检索信息。面对这类请求，ChatGPT 通常会给出一个像模像样、以假乱真的答案，但当我们真的去验证的时候，常常会发现它提供的信息是不真实的。

例如，我们让 ChatGPT 推荐赫尔曼·黑塞（Hermann Hesse）的《悉达多》的三种中文译本，ChatGPT 提供了一个看似信息全面的清单，但实际上这几本书都不存在（见图 2-12）。

关于 ChatGPT 训练所使用的数据，OpenAI 公司并没有公布太多的细节。不过，据推测，训练数据基本覆盖了互联网上所能找到的大部分文本，如维基百科、书籍语料库、社交媒体、Github 等。因此，在一些媒体宣传中，ChatGPT 仿佛无所不知，这也是众多用户把 ChatGPT 当成搜索引擎的主要原因之一。

ChatGPT 用户需要注意以下三点。

（1）ChatGPT 在本质上还是神经网络，用大量数据训练的过程可以视为大模型在"学习"和"理解"，但不是"背诵"。

这就好像我们读完一本小说后能说出里面的人物、故事情节，也记住了一些句子，但并不代表我们把整本书都背了下来。

（2）ChatGPT "有问必答"，即便是一些它不了解的信息，它也请为我推荐三本赫尔曼·黑塞的《悉达多》中文译本。

赫尔墨·黑塞（Hermann Hesse）的《悉达多》的中文译本有以下三个常见且备受推崇的版本。

1.《悉达多》(译者：郑振铎)

这个版本是郑振铎先生的经典译作，是最早的中文译本之一。它于 20 世纪 50 年代首次出版，广受读者喜爱。这个版本以流畅而富有诗意的语言传达了黑塞小说中的哲学思想和情感内涵。

2.《悉达多》(译者：冯骥才)

这个版本由冯骥才先生翻译，于 20 世纪 80 年代出版。冯骥才是中国著名的作家和翻译家，他对黑塞作品的翻译获得了广泛赞誉。他的翻译风格清新简洁，能够准确地传达黑塞小说中的情感与意境。

3.《悉达多》(译者：金锡源)

金锡源先生的译本是较新的版本，于 2011 年出版。这个版本在语言表达上更加现代化，有一种独特的韵味。金锡源先生的翻译注重细节，并且能够将黑塞小说的情感和精神内涵传达给读者。

这三个版本都受到了广泛认可，并且都能够帮助读者更好地理解和欣赏黑塞的《悉达多》。

您可以根据个人喜好和阅读偏好选择其中之一。

图 2-12　ChatGPT 给出的并不存在的《悉达多》中文译本推荐

会虚构一些看似合理的答案，这也是 OpenAI 公司正在着手优化的一个方面。

（3）ChatGPT 的训练数据是截止到 2021 年 9 月的，所以它并不掌握此后的信息。

总之，如果是对结果的准确性要求很高的任务，现阶段不建议交给 ChatGPT 等大模型完成。

2. 不要用 ChatGPT 分析文本资料以外的信息

ChatGPT 只是一个文本模型，其训练数据只有文本，没有图片、音频和视频。即便其中有一些跟音频、视频相关的文本数据，如影评、乐评等，也不足以让 ChatGPT 真的理解某部电影、某首歌或某个活跃在荧幕上的人。

例如，ChatGPT 给出的关于《雪国列车》的影评，看似内容全面，实则上映年份、主角描述等内容都是错误的，而且更像是文字拼凑，没有多大的参考价值（见图 2-13）。

请写一段关于奉俊昊导演的《雪国列车》的影评，内容包括电影基本信息、剧情简介、电影点评，不超过 300 字。

《雪国列车》影评

《雪国列车》是由奉俊昊导演执导的一部惊悚科幻电影。该片于 2023 年上映，是奉俊昊导演继《寄生虫》后的又一力作。

故事发生在末日世界，全球进入冰冻状态，人类只能生活在穿梭于冰雪中的列车上，影片的主角是一名年轻的女子，她在列车的尾部区域生活，与其他弱势群体一起挣扎求生。当她得知列车前部有一群富有的人享受着奢华的生活时，她决定领导一次起义，推翻不公平的社会制度。

《雪国列车》以独特的视角描绘了贫富差距与社会不公的主题，奉俊昊导演通过紧张刺激的剧情和引人入胜的视觉效果，将观众带入这个冷酷和充满恐惧的世界。影片通过寓言式的手法，探讨了人性的善恶、阶级斗争和权力的滥用。

演员们的精湛表演使得角色鲜活而真实，观众能够与他们产生共鸣。奉俊昊导演巧妙地运用镜头语言和音效，创造了紧张压抑的氛围，并通过细腻的细节展示了社会的不公和人性的脆弱。

《雪国列车》是一部引人深思的电影作品，它不仅仅是一部科幻惊悚片，更是对社会现实的批判和反思。奉俊昊导演通过独特的叙事风格和深入的主题探讨，打造了一部令人难以忘怀的影片。它让观众思考社会不公和人性的问题，并引发观众对未来的思考。

图 2-13　ChatGPT 给出的错误百出的《雪国列车》影评

3. 不要使用 ChatGPT 进行复杂的数学计算

有一个事实可能出乎大多数人的意料，那就是 ChatGPT 并不擅长复杂的数学计算。ChatGPT 是基于大规模的自然语言文本训练出来的模型，里面很少涉及数值和计算。ChatGPT 生成回复的方式本质上是基于提示词的，即从输出词表中选取最可能的文本，这种生成方式不适合进行数学计算。

对于一些简单的计算，ChatGPT 能够给出正确的答案，但是我们可以将其理解为 ChatGPT "背出" 了答案，而不是 "计算" 出来的。因此，对于普通人需要借助计算工具才能算出来的题目，ChatGPT 通常也只能给出一个乍看之下像那么回事的答案，实则是错误的。

例如，我们可以给 ChatGPT 出一道普通的多位数乘法题 "1234 乘以 89762 等于多少"，它给出的答案 110656108 是错误的，正确答案应该是 110766308（见图 2-14）。

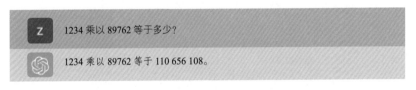

图 2-14　ChatGPT 对复杂计算会给出看似正确的答案

2.1.3 ChatGPT 强大的插件库

OpenAI 公司对外开放了 GPT 模型的应程序编程接口（Application Programming Interface，API），广大的开发者可以进行二次开发，由此诞生了一批强大的第三方插件。

下面介绍四款在 Chrome 浏览器上应用较多的 ChatGPT 插件。

（1）Monica。这个插件可以安装在 Chrome 浏览器或微软的 Edge 浏览器上，安装完成之后，用户在浏览网页的同时可以选择网页中的一段文字，让 Monica 进行翻译、总结、解释等。Monica 具备聊天功能，用户可以直接进入聊天框与 ChatGPT 对话。

（2）WebChatGPT。这个插件为 ChatGPT 添加了上网功能，用户启用这个插件后，插件会先在网上搜索用户提出的问题，然后将搜索结果与用户要求组装成提示词，再交给 ChatGPT 进行汇总、提取。

（3）Talk-To-ChatGPT。这个插件集合了语音识别和语音转写功能，安装完成之后，用户就可以通过麦克风与 ChatGPT 交流。该插件几乎支持所有的主要语言。

（4）AIPRM for ChatGPT。这个插件提供了很多优质的提示词，用户可以选择自己感兴趣的提示词，一键应用。

以上介绍的只是 ChatGPT 众多的第三方插件的冰山一角。OpenAI 公司也基于 GPT-4 模型推出了众多插件，目前只开放给 Plus 用户使用。各类插件本质上是将 GPT 模型和现有的技术结合起来，能够发挥"1+1 > 2"的作用。大模型改变了用户与软件产品交互的方式，插件只是基于大模型的应用早期探索阶段的产品形态，未来各行各业都会应用大模型开发自己的新形态产品，用阿里巴巴集团前 CEO 张勇的话说，"所有的产品都值得用 AI 重做一遍"。

2.2 Claude：ChatGPT 的最强对手

Claude 是 Anthropic 公司于 2023 年 1 月发布的聊天机器人，对标的就是 GPT 模型，有媒体称其为"ChatGPT 的最强对手"。其创始人是 OpenAI 公司前研究副总裁达里奥·阿莫迪（Dario Amodei），他因不满 OpenAI 公司越来越趋于商业化，带领团队出走成立了 Anthropic 公司。相关报道称，Anthropic 团队的大部分成员都参与过 GPT-2、GPT-3 的开发工作。

Anthropic 公司自称是一家 AI 安全公司，对外宣称的目标是"构建可靠、可解释和可操作的通用 AI 系统"。阿莫迪在论文中提及，Claude 最初被当作实验平台，以研究如何让 AI 系统变得有用、诚实和无害。这可能也是阿莫迪出走的另一个原因：他认为大模型的发展速度太快，仍有很多安全问题未得到解决。

2.2.1 Claude：GPT-3 之后的新星

从 Super CLUE 中文通用大模型综合性评测基准公布的测评结果（见图 2-15）及众多网友反馈的使用体验来看，Claude 的表现与 ChatGPT 不相上下，甚至在对话理解、推理等方面超过了 ChatGPT。

2023 年 5 月 15 日，Anthropic 公司宣布将 Claude 的上下文窗口

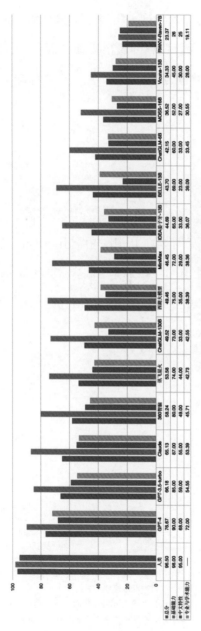

图 2-15　SuperCLUE 发布的中文通用大模型能力测试结果

Token[1] 数量从 9000 个增加到 10 万个，这意味着 Claude 可以在极短的时间内"读懂"大量资料并做出反馈，而 OpenAI 公司的 GPT-4 上下文窗口 Token 数量为 3.2 万个。

2.2.2 使用方法简介

1. 访问方式

Claude 没有独立的对话界面，截至本书完稿之时，Claude 只能通过 Slack[2] 使用（见图 2-16）。用户在使用 Claude 之前，需要先登录 Slack 并创建工作空间，在工作空间中添加 Claude 应用。得益于 Slack 支持多平台，用户可以非常便捷地在浏览器、PC 客户端、手机客户端上与 Claude 对话。

---

[1] Token 是人工智能领域的一个术语，表示人工智能学习的语义单元，通常指一个词语或单词，9000 个 Token 可以简单地理解为约 9000 个词。

[2] Slack 是一款信息传递软件，也是一个工作效率管理平台，可以让每个用户都能使用无代码自动化和 AI 功能，还可以进行无缝的搜索和知识共享，使团队成员保持联系和参与。

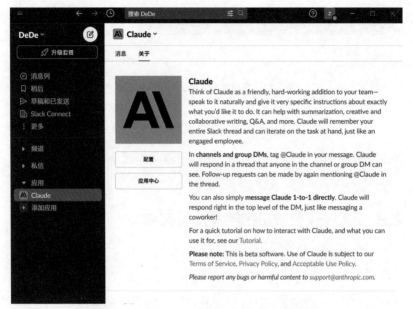

图 2-16　在 Slack 应用中心添加 Claude 后的效果

2. 提示词技巧

Claude 与 ChatGPT 一样，都是大模型。理论上，与各类大模型"对话"的通用准则是：提示词要清晰、具体。因此，ChatGPT 的提示词技巧也适用于 Claude。

3. 多个对话框及 API 支持

（1）Claude 目前只支持一个对话框，多个对话框无法共存，这意味着 Claude 无法同时扮演多个角色，用户每执行完一个任务，都需要通过指令"/reset"清除上下文联系（见图 2-17）。

图 2-17　在对话框中输入指令"/reset"

（2）Claude 暂时未开放 API，所以开发者还无法基于 Claude 开发上层应用，这导致 Claude 在应用生态方面远远落后于 ChatGPT。

2.3　文心一言：知识增强大语言模型

百度是国内第一家发布大模型的互联网企业。2023 年 3 月 16 日，百度在北京举行发布会，推出了知识增强大语言模型——文心一言。文心一言拥有强大的中文语料库，可应用于文学创作、文案创作、数理逻辑推算、中文理解、多模态生成等诸多场景。3 月 17 日，文心一言正式上线，向公众开放测试使用入口。

2.3.1　文心一言的特点

在语言方面，文心一言目前仅支持中文和英文输入输出，暂时不支持其他语言。当然，由于训练所使用的中文语料更多，文心一言对中文的理解更精准。

文心一言支持多模态生成，包括语音和图像。其便利之处在于，用户可以直接在聊天框中要求其输出图片或语音，文心一言就会生成声音或图片（见图 2-18）。

图 2-18　文心一言的绘图功能

不过，需要注意的是，文心一言的语音输出功能目前只支持普通话、东北话、四川话、广东话、闽南话，如果要求其输出其他类型的语音，文心一言就会直接生成文本结果（见图 2-19）。

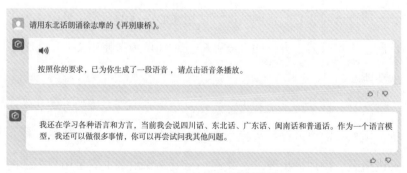

图 2-19　文心一言支持输出语音

文心一言支持多种格式的输出结果，包括纯文本、Markdown格式文本、代码块、表格。例如，用户只需要在提示词中说明"请以 Markdown 格式文本输出"，文心一言就会输出 Markdown 格式文本（见图 2-20）。

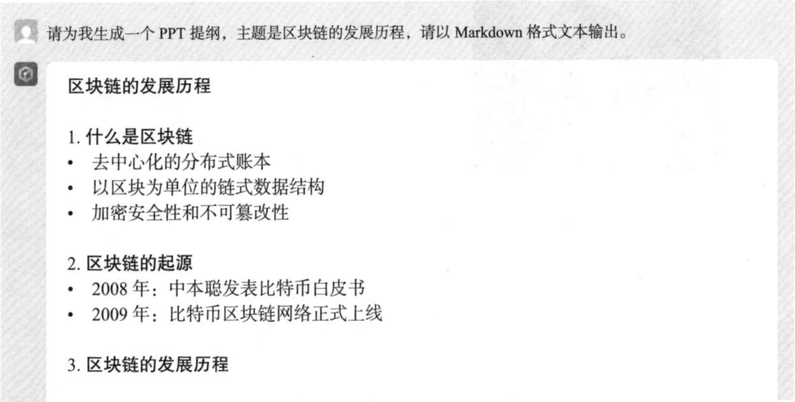

图 2-20　使用文心一言输出 Markdown 格式文本

2.3.2 使用方法简介

用户访问文心一言网站即可使用文心一言的功能（见图 2-21）。目前，用户只需用自己的百度账号登录即可免费使用文心一言的各项功能。

文心一言支持多个聊天框共存。与文心一言交流的方式非常简单，用户只需要遵循与大模型沟通的基本步骤——确定任务、补充关键信息、添加输出要求，文心一言就会输出基本满足用户需求的文本内容。

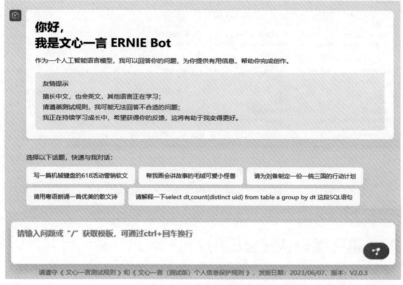

图 2-21　文心一言网站首页

　　百度还发布了基于文心一言能力的应用中心——灵感中心（见图 2-22），它集合了文心一言的各类实用场景，点击即用，在很大程度上可以帮助用户缩短编辑、调优提示词的时间。

图 2-22　灵感中心

2.4 讯飞星火认知大模型

2023 年 5 月 6 日，科大讯飞董事长刘庆峰在大模型成果发布会上发布了讯飞星火认知大模型（以下简称"讯飞星火"），并在现场实测了讯飞星火的七个核心能力，即多风格多任务长文本生成、多层次跨语种语言理解、泛领域开放式知识问答、情景式思维链逻辑推理、多题型步骤级数学能力、多功能多语言代码能力、多模态输入和表达能力。

2.4.1 讯飞星火的特点

机器翻译是讯飞星火的核心能力之一。讯飞星火支持多种语言的输出，包括中文、英语、日语、韩语等（见图 2-23）。

请介绍一下日本东京，用日语输出。

日本の首都と最大都市圏である東京について、以下に簡単な説明を提供します。

1. 交通：東京は、世界最も忙しい交通系の一つで、電車、鉄道、公交と渡船などの交通手段を通じて、市内の主役な景気地と商工区に接続されています。
2. 旅遊景点：東京は、多くの著名な旅遊施設を含むため、浅草寺(Asakusa Temple)、新宿御苑(Shinjuku Gyoen National Garden)、皇居(Imperial Palace)と明治神宮(Meiji Shrine)などがあります。また、購物狂人に向かって、銀座(Ginza)と渋谷(Shibuya)などで消費的な情報を採用したデートを享うことができます。
3. 美食：東京は、世界で有名な食文化の都であると言われています。寿司(Sushi)、拉面(Ramen)、天妇罗(Tempura)と日式烤肉(Yakiniku)などの特约的な料理に順に触れることができます。
4. 文化活動：東京は、年に一度に多くの文化活動を取る例に「桜花祭」(Hanami)、祭典(matsuri)と芸術展開会(art festival)などの活動に取ることができます。このため、新宿と渋谷などは、最繁華な娯楽地域です。

以上に、東京は、多様な生活に取り組む都市で、中文以外の言語で出力しました。

请用韩语介绍一下韩国首尔。

서울은 한국의 대한민국의 주요 지탱구에 위치하며, 대한민국의 전 세계적인 문화, 산책, 놀관, 문화 및 식사와 같은 많은 경험을 드릴 수 있습니다.

1. 지탱구 : 서울은 국가, 지탱구로 부터 가능한 모든 지탱구의 주요 경관, 상품, 식당, 공원, 마켓, 농그, 대밤궁, 한국공원, 성인교실, 도보거, 화장품가, 패션, 농그 등의 많은 경험을 공간에서 포함할 수 있습니다.
2. 한국문화 : 한국문화에는 K-Pop(Korean Pop), K-Drama(Korean Drama), K-Food(Korean Food) 등의 많은 행동, 화려, 문화, 문화, 문화, 문화, 문화, 문화, 문화, 문화, 문화, 문화, 문화, 문화, 문화, 문화, 문화, 문화, 문화,

图 2-23　讯飞星火支持多种语言

讯飞星火是一个纯文本模型，支持输出纯文本，也支持输出 Markdown 格式文本、代码、表格等（见图 2-24）。

以 Markdown 格式文本输出一份 PPT 大纲，主题是 AI 大模型的发展历程。

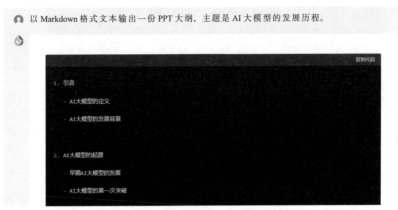

图 2-24　讯飞星火支持多种格式的文本输出

2.4.2　使用方法简介

讯飞星火自发布之日起就面向公众免费开放，国内用户可以直接在浏览器中搜索"讯飞星火"，进入其网站体验和使用（见图 2-25）。

讯飞星火网站首页推荐了不少助手（见图 2-26），每个助手都代表一段已经"调教"好的实用提示词，先选择助手再输入关键词即可轻松使用。

当然，用户也可以自己编辑更符合自己需求的提示词，相关技巧与 ChatGPT、Claude 的提示词技巧相似。讯飞星火支持多个对话框共存，因此用户可以通过提示词为自己打造多个面向不同场景的助手。

图 2-25　星火大模型对话界面

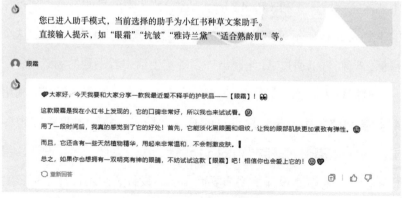

图 2-26　讯飞星火助手模式

第**3**章

一键成图：AI 绘画

AI 相关技术的迅猛发展使每个人都有机会成为艺术家。正如瑞士艺术家保罗·克利（Paul Klee）所说："艺术的目的不是再现可见的事物，而是使不可见的事物变得可见。"现在，AI 正在接近这个目标，人们可以通过 AI 绘制出许多现实生活中看不到的场景。

对职场人来说，无论是否接受过系统的美学教育，都可以利用 AI 快速地将脑中所想变成可见的画面。目前，AI 绘画已经在很多工作场景中落地，如标志（Logo）设计、海报设计、产品设计、包装设计、工业造型设计、用户界面（UI）设计、网站设计、摄影实拍作品及模特换装等。相信在不久的将来，AI 绘画会在更多的应用场景中落地。需要说明的是，AI 绘画并不会取代原画师、插画师和设计师，拥有良好美学基础的美术设计人员使用 AI 进行创作往往可以得到质量更高的作品，让 AI 发挥更大的价值。

目前，国外流行的 AI 绘画平台主要有 Midjourney、Stable Diffusion、Disco Diffusion、DALL·E 2、DreamStudio 等，国内流行的 AI 绘画平台主要有文心一格、Draft、盗梦师等。为了帮助大家快速上手，本章仅简要介绍 Midjourney 和文心一格这两个平台。

3.1 Midjourney

Midjourney 可以根据文本生成图像，用户可通过 Discord 的机器人指令进行操作。Midjourney 网站主页如图 3-1 所示。

图 3-1　Midjourney 网站主页

3.1.1 Midjourney 的特点

1. Midjourney 的优点

（1）创造性强。Midjourney 能够根据用户提供的输入生成全新的、具有创造性的艺术品，这使它成了一个非常有趣的工具，让用户不断地创造和探索。

（2）自动化。对不会绘画或不掌握相关技能的用户来说，Midjourney 提供了一个自动化的替代方案，让他们不必费心考虑技巧，即可生成逼真度和清晰度都很高的作品。

（3）操作简便。Midjourney 的操作非常简便，只需要在 Discord 上发送相应的命令即可，用户可以轻松地使用它并在交流的过程中提升使用效率。

（4）全球化。Midjourney 是一款全球化的产品，不管用户来自哪里，都可以获得与全球的其他用户交流的机会。

2. Midjourney 的缺点

（1）精度不够高。由于目前的 AI 技术对绘画过程的实际理解能力还非常有限，因此 Midjourney 的绘画结果存在不够精细、结构比例失调、细节不合理、不够清晰等问题。

（2）一致性比较差。Midjourney 的不同绘画结果可能有相似之处，对用户来说有些缺乏独特性，有时难以满足用户的特定需求或高度一致的需求。

（3）依赖于其他平台。Midjourney 目前还只能在 Discord 上进行操作，这意味着用户必须先了解该平台，并遵循该平台的规则和限制，从而导致一些比较好用的插件无法应用于 Midjourney。

（4）存在版权隐患。由于 Midjourney 生成的作品实际上是 AI 算法的产物，因此谁拥有作品的版权和知识产权现阶段仍有很大的争议。

3.1.2 操作方法简介

用户可以按照下列步骤进行注册并开始使用 Midjourney。

（1）访问 Midjourney 网站，注册 Discord 账号。

（2）下载并安装 PC 版或手机版 Discord（见图 3-2）。

（3）创建自己的服务器。

（4）添加官方机器人。

图 3-2 Discord 主界面

（5）输入指令，开始使用。

3.1.3 提示词用法

在这里提供一个关于 Midjourney 提示词的"万能公式"：

主体 + 环境 + 构图 + 风格 + 后缀参数

上述公式中各个部分的含义如图 3-3 所示。

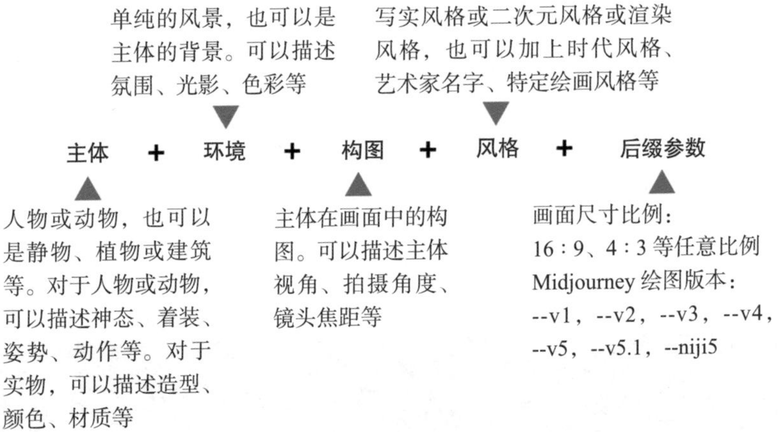

单纯的风景，也可以是
主体的背景。可以描述
氛围、光影、色彩等

写实风格或二次元风格或渲染
风格，也可以加上时代风格、
艺术家名字、特定绘画风格等

主体 + **环境** + **构图** + **风格** + **后缀参数**

人物或动物，也可以
是静物、植物或建筑
等。对于人物或动物，
可以描述神态、着装、
姿势、动作等。对于
实物，可以描述造型、
颜色、材质等

主体在画面中的构
图。可以描述主体
视角、拍摄角度、
镜头焦距等

画面尺寸比例：
16 ：9、4 ：3 等任意比例
Midjourney 绘图版本：
--v1，--v2，--v3，--v4，
--v5，--v5.1，--niji5

图 3-3　Midjourney 提示词的"万能公式"

1. Midjourney 系统口令

- /imagine：绘图调用指令，记得先输入一个空格再输入描述关键词。

- /settings：调出版本号设置模块。

- /blend：用 2~5 张图片合成新图（建议尽量用同比例的图片）。

- /describe：根据图片生成关键词。

- /subscribe：前往订阅页面。

- /info：查询个人信息及订阅结果。

- /stealth：付费会员隐身模式，防止他人在 Midjourney 上看到自己生成的图片。

- /fast：切换为快速出图模式。

- /relax：切换为闲时出图模式。

2. Midjourney 后缀参数

- --iw 2 v5：范围值是 0.5 ~ 2，数值越大，生成的图越接近垫图[①]。

- --ar 2:3：控制图片出图比例，默认为 1：1。

- --c 50：范围值是 0 ~ 100，控制生成的 4 张图片之间的风格差异，数值越大，差异越大。

- --q 2：范围值是 0.25 ~ 5，数值越大，质量越高，时间越久。

- --s 100：范围值是 0~1000，数值越大，画面越有艺术性；数值越小，画面越贴合关键词。

---

① 垫图相当于参考图，可以提供给 Midjourney 关于用户所需图片的更多信息，从而生成更符合用户期望的图片。

- --stop 100：范围值是 10~100，用于控制图片渲染进度。

- --tile：生成四方连续图，多用于拼接贴图。

- --video：生成绘制图像的小短片，用于显示 AI 绘制图像的过程。

- --seed 500：图片种子，可以通过固定的数值确保在同一个种子的图片上做修改。

- --no 描述：描述不想要的东西，如 "--no hand"，这样画面中就不会出现手了。

3.1.4 提示词与例图

1. 橘猫案例

> **提示词：**
>
> A beautiful cute orange cat,whole body, Furry,Q version, super cute,16K,UHD, masterpiece, highest quality, super detailed --ar 2:3 --q 5 --s 50 --style expressive --niji 5（一只漂亮可爱的橘猫，全身，毛茸茸，Q 版，超级可爱，16K，超高清，杰作，最高画质，超级细腻 --ar 2:3 --q 5 --s 50 --style expressive --niji 5）

注意：这里使用了 niji5 版本，用户可以通过指令 "/settings" 调出版本号设置模块进行勾选。

最终生成的图片如图 3-4 所示。

图 3-4　橘猫生成效果图

2. 月球飞船案例

提示词：

Hyperrealistic style, in space, Chibi, Q version, a spacecraft landing on the surface of the moon, masterpiece, highest quality, super detailed, cinematographic lighting, soft colors, super wide angle vista shot, beautiful cosmic background　--q 5　--ar 1:1　--v 5（超写实风格，太空中，Chibi 风格，Q 版，一个降落在月球表面的飞船，杰作，最高画质，超级细腻，影视光照，柔和色彩，超广角远景镜头，美丽的宇宙背景　--q 5　--ar 1:1　--v 5）

最终生成的图片如图 3-5 所示。

图 3-5　月球飞船生成效果图

3. 熊猫水下游泳案例

提示词：

Panda swimming underwater, happy, fantasy, in a realistic hyper-detailed rendering style, glowing, pink, blue, zbrush, head close-up, exaggerated perspective, Tyndall effect,water droplets, mother-of-pearl iridescence, holographic white, green background, realistic --ar 3:4 --niji 5（熊猫在水下游泳，快乐，梦幻，逼

真超级细腻的渲染风格，发光，粉色，蓝色，zbrush 风格，头部特写，夸张透视，丁达尔效应，水滴，贝母虹彩，全息白，绿色背景，逼真 --ar 3:4 --niji 5）

最终生成的图片如图 3-6 所示。

图 3-6　熊猫水下游泳生成效果图

4. 威士忌酒杯案例

提示词：

On the windowsill of the mottled tree shadow, in a mirror, there is a glass with ice, the glass has whiskey, light tracing and reflection, the ultimate fine dynamic light and shadow, 16K,UHD --q 2 --s 100 --ar 2:3 --v 5.1 --style raw（斑驳树影的窗台上，镜子里，有一个加了冰的玻璃杯，玻璃杯里有威士忌，光追影，极致精细的动态光影，16K，UHD --q 2 --s 100 --ar 2:3 --v 5.1 --style raw）

最终生成的图片如图 3-7 所示。

图 3-7 威士忌酒杯生成效果图

5. 夸张卡通风格熊猫三视图案例

提示词：

European and American exaggerated cartoon style, super realistic textures and materials, an exaggerated three views of a cute panda, hip hop style clothing in patent leather, extreme fine dynamic light and shadow, masterpiece, highest quality, super detailed, film, soft colors　--q 5 --s 100　--ar 3:2　--niji 5　--style expressive（欧美夸张卡通风，超写实质感材质，可爱熊猫夸张三视图，嘻哈风漆皮服装，极致精细动态光影，杰作，最高画质，超级细腻，电影，柔和的颜色　--q 5　--s 100　--ar 3:2　--niji 5　--style expressive）

最终生成的图片如图 3-8 所示。

图 3-8　夸张卡通风格熊猫生成效果图

6. Niji 版本女孩案例

> 提示词:
>
> European and American exaggerated morphing cartoon, close-up of a long-haired beauty holding a bunch of flowers, extremely fine and beautiful features, detailed hair depiction, exquisite high reflective big eyes, masterpiece, highest quality, super detailed, Unreal Engine 5, Octane rendering --q 5 --s 50 --ar 9:16 --niji 5 --style expressive（欧美夸张变形卡通，长发美女手捧花特写，五官极其精致，头发刻画细致，精致高反光大眼睛，杰作，最高画质，超级细腻，虚幻引擎 5，Octane 渲染 --q 5 --s 50 --ar 9:16 --niji 5 --style expressive）

最终生成的图片如图 3-9 所示。

图 3-9 Niji 版本女孩生成效果图

通过以上案例，我们可以看出，Midjourney 生成的绘画作品是多样化的、创新的、完整度较高的，生成的作品质量与输入的提示词息息相关。用户需要花费一定的时间去摸索绘画风格和参数等。

建议大家经常浏览 Midjourney 网站中的案例展示（Showcase）频道，学习、研究优秀作品的提示词。

3.2 文心一格

2022 年 8 月 19 日，中国图像图形大会（CCIG 2022）在成都召开，AI 艺术和创意辅助平台文心一格在会上正式发布，这是百度依托飞桨、文心大模型的技术创新推出的首款 AI 绘画产品。文心一格是基于文心大模型的文生图系统实现的产品化创新。

3.2.1 文心一格的特点

文心一格支持中文输入指令，操作简单，对绘画基础要求较低，是入门级别的 AI 绘画平台。如果用户对画面的要求很高，则需要多次调试指令并寻找更适合的绘画方案。

（1）适用人群：画师、设计师、编辑、写手及其他 AI 绘画爱好者。

（2）绘画风格：目前内置 4 种 AI 画师——创艺、二次元、意象、具象，以及 10 种画面类型，如艺术创想、唯美二次元、中国风、概念插画等。

（3）规格：单次可以生成 4 张图片，最多一次生成 9 张图片，支持生成竖图、横图、方图，支持 5 种比例的绘画要求，支持生成头像、壁纸、海报、文章配图等，生成的图片最大分辨率为 2048×2048（"意象"风格最高支持 4096×2304），可用于二次处理，拓展其用途。

（4）功能：输入指令即可生成图片，支持上传参考图，以图生图。

（5）画面风格：侧重于写意，国风绘画效果较好，以图生图的表现也比较好。

3.2.2 操作方法简介

用户在指令区输入自己的绘画创意，选择自己需要的画面类型或采用默认选项"智能推荐"，然后设置比例及一次生成的图片数量，即可快速生成自己需要的绘画作品。文心一格的操作界面如图 3-10 所示。

需要注意的是，绘画创意（提示词）与最终生成图片的质量息息相关。文心一格的提示词"公式"如图 3-11 所示，用户只有精心调整绘画创意描述、选择合适的绘画类型，才能最终调试出最符合自身需求的绘画结果。

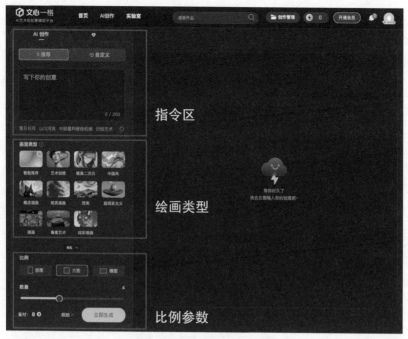

图 3-10　文心一格操作界面

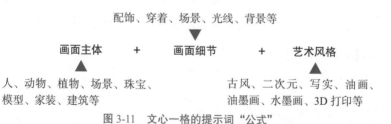

图 3-11　文心一格的提示词 "公式"

以人物为例，输入画面主体（古代少女）、画面细节（月亮夜晚，祥云，古典纹样，月光柔美，花瓣飘落，多彩炫光，镭射光，浪漫色调，浅粉色，几何构成，丰富细节）和艺术风格（唯美二次元）指令，即可得到 4 张相应的绘画作品（见图 3-12）。

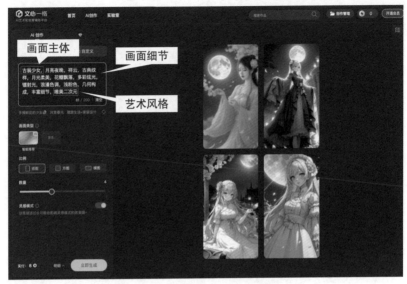

图 3-12　古风少女生成效果图

以画一个漂亮清透的水母为例，我们要尽可能精准地描述脑海中的画面，然后将指令发送给文心一格，最终得到 4 张效果良好的水母图（见图 3-13）。

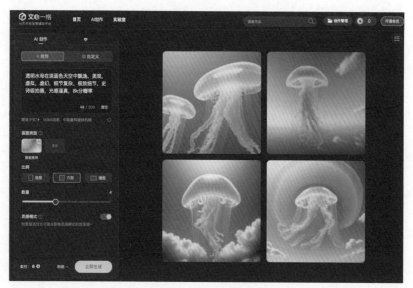

图 3-13　水母生成效果图

第 4 章

AI 图片处理

设计师、营销人员、策划人员、媒体从业人员、自媒体运营人员、产品经理等人群经常涉及与图片处理相关的工作，对他们来说，搜集和处理各种图片素材是非常耗时的工作任务。尽管 Midjourney、Stable Diffusion、文心一格等生成的图片可以为我们提供创意和参考，但直接使用可能无法达到理想的效果，对图片进行适当的处理也是保证视觉呈现效果的关键因素之一。

目前主流的 AI 图片处理工具主要有以下几项功能。

（1）抠图：从 AI 生成的图片中抠出我们需要的主体或背景。这是图片后期处理中使用率最高的功能之一，抠出的主体或背景图片可以结合不同的应用需求用于二次创作。

（2）细节增强：增强图片细节，使图片看上去更加真实和清晰。该功能对人像、动漫、多次转存后的图片尤为重要。

（3）照明修饰：如果图片中的光照条件不佳，我们就需要对图片中的主体进行适当的补光和强调。

（4）合成应用：抠出的主体图片可以直接合成到其他背景中，或者与其他元素进行组合，以产生全新的图片。

（5）其他处理：缩放、裁剪、压缩、剪切、水印、过滤等。

目前，AI 在设计工作中仍然只能发挥辅助作用，无法取代设计师的角色，AI 生成的创意还需要人工加以选择、修饰和应用。

流行的 AI 图片处理工具有很多，如 ClipDrop、PhotoKit、Erase.bg、佐糖、ARC 等，其功能和效果有所不同。我们可以针对不同图片使用不同的工具进行测试，直至得到满意的效果。由于 AI 图片处理的操作非常简单（可以参考美图秀秀），本章仅简要介绍 PhotoKit 和 ARC 这两个工具，以帮助大家入门。

4.1 PhotoKit

4.1.1 基本功能

PhotoKit 集成了强大的在线图片编辑器，包含近 40 项图片处理功能。用户只需点几下鼠标就可以轻松对图片进行各种处理，如删除背景或主体、调整颜色、照片增强、修饰肖像、添加元素、创建图片拼贴和裁剪、调整大小、旋转、格式转换等。PhotoKit 支持的图片格式包括 PNG、JPG、GIF、BMP、TIFF 和 RAW。

PhotoKit 网站首页如图 4-1 所示。

图 4-1　PhotoKit 网站首页

4.1.2 操作方法简介

进入 PhotoKit 网站，单击"START EDITING"（开始编辑）按钮，即可开始进行图片处理（见图 4-2）。

图 4-2　单击 "START EDITING" 按钮即可开始进行图片处理

上传需要处理的图片，即可进入图片处理操作页面。PhotoKit 共有几十项图片处理功能，相关功能按钮排布在下方的工具栏内（见图 4-3）。

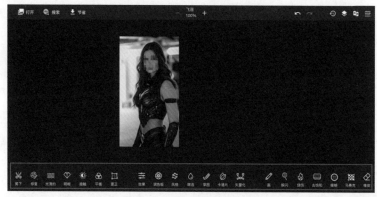

图 4-3　图片处理操作页面

以抠图为例，单击工具栏左边的"剪下"按钮即可进行一键抠图，完成抠图操作后生成的素材可以直接更换底图（见图 4-4），该功能可以用于个人证件照更换底色。

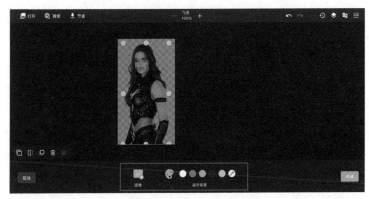

图 4-4 PhotoKit 的抠图功能

4.2 ARC

4.2.1 基本功能

ARC 由腾讯 ARC 实验室出品，目前有 3 项对外开放、免费使用的功能——人像修复（将模糊不清的老照片变得清晰）、人像抠图（精准地抠出人像，不再需要手动抠人像）、动漫增强（与人像修复类似，将动漫图像变得更清晰、线条更明显）。其操作方法非常简单，一键上传图片即可。

ARC 网站首页如图 4-5 所示。

图 4-5　ARC 网站首页

4.2.2 操作方法简介

用户选择自己要用的功能后，单击"本地上传"按钮，完成图片上传，即可在线观看 ARC 生成的对比图。ARC 的 3 项功能都有不同的模型（见图 4-6），用户可以在线预览效果后下载自己最满意的版本。

图 4-6　ARC 的人像抠图页面

下篇

应用篇

第 **5** 章

通用办公场景

5.1 工作汇报

我们在日常工作中免不了要写各种汇报材料，常见的如日报、周报或述职报告等。写好这类汇报材料的要点是保证内容简洁、结构清晰、突出重点，不能记流水账。

我们可以借用 AI 工具快速生成汇报材料的基本结构和内容大纲。以日报为例，我们可以先使用语音转文本工具生成一天的主要工作内容，常用的工具有印象笔记、讯飞听见、微信等。不过，有一个很明显的问题：有些口语化的表述并不适合直接作为汇报材料内容。

图 5-1 是一份由语音转文本工具生成的工作内容。

嗯，今天很忙啊，就是首先呢，上午组织了技术团队还有产品团队一起开会讨论了一下目前项目新接到的一些需求，就这些需求的话，大部分都已经确定了实现方案，然后也开始准备原型了，但其中有一部分的话，就可能是其中有一部分改动特别大，然后也涉及我们整个系统的架构的调整，所以这块儿准备明天去跟客户聊一下，就这块儿我们想着把它放到后面的二期里面去，或者说是改用一种简单的实现方案。

然后呢，就是下午的时候跟那个承建商啊，就是我们的分包厂商，嗯，去聊了一下那个 BI 外采的事儿，然后他们给了一个简单的报价。目前是在，嗯，采购合同这块儿的话，预计明天去跟那个法务沟通一下，然后准备正式走那个合同审批流程。

嗯，还有一个呢，就是目前项目文档的一个准备，过程文档的一个准备，就是现在过程文档的话，基本上已经形成了一个初稿，但是呢，就是里面可能，嗯，还需要再进行一下调整，因为目前甲方以及监理方对这个文档的要求很高。计划明天呢，再组织，然后宣贯一下，就是关于文档的那个调整的要求，然后分配下去，要各个组织按照要求去再次调整一下。

图 5-1 语音转文本工具生成的工作内容

接下来就是 ChatGPT 登场的时间了。ChatGPT 在文本总结、改写方面的能力相对成熟，基本可以信赖。这里要用到第 2 章介绍的一些提示词技巧：

- 先定义任务——改写日报内容，使逻辑更清晰；
- 再设定角色并提出输出要求——让 ChatGPT 扮演日报助手的角色，向其提出日报的格式和输出要求（见图 5-2）。

现在，你是我的日报助手。我会给你一篇日报内容，请你对日报内容进行内容纠错、结构整理和拆分，以及提炼重点，最后以 Markdown 格式文本输出调整后的日报。日报分为"本日工作成果""明日工作计划"和"风险和问题"三个部分，内容要简洁、重点要突出。下面是日报内容。

图 5-2 日报助手提示词示例

然后，ChatGPT 就会输出一篇经过调整的、结构清晰的日报，虽然不尽完美，但基本及格。最后要做的就是认真检查一遍，调整、补充一些内容，这样就可以写出一篇还算不错的日报了（见图 5-3 ）。

本日工作成果

- 组织技术团队和产品团队开会讨论新需求，确定了实现方案。
- 开始准备项目原型，但部分需求改动较大，需要与客户商讨后续计划。
- 与分包厂商讨论 BI 外采事宜，准备与法务沟通，走合同审批流程。
- 准备项目过程文档，初稿已完成，需要进一步调整，以满足甲方和监理方要求。

明日工作计划

- 与客户讨论部分需求的改动和系统架构调整。
- 与法务沟通采购合同，启动合同审批流程。
- 组织宣贯文档调整要求，并把任务分配给各个小组。

风险及问题

- 部分需求改动较大，可能影响整个系统的架构。
- 需要满足甲方和监理方对过程文档的高要求，文档可能需要进一步调整。

图 5-3　ChatGPT 梳理后的日报内容

对于其他类型的汇报材料，我们也可以使用类似的方法，还可以修改一下提示词的结构，将提示词中的"指令部分"和"内容部分"分开，将 ChatGPT 变成一个可以重复使用的小助手（见图 5-4 ）。

Z 现在，你是我的周报助手，你的任务是总结我的每周工作并按照固定的格式要求输出我的周报。

1. 我会分多次以文字形式向你提供我的工作情况。每次你收到提供的文字内容后仅需回复"收到，请继续提供工作内容或要求输出周报"。

2. 当我输入任务指令"/output 本周周报"时，你需要总结我此前提供给你的工作内容，提炼成简洁、清晰的周报，按照以下格式要求输出。

3. 周报的内容需要分成三个部分，分别如下。

（1）本周重点工作完成情况：简要总结本周完成的主要工作或项目。

（2）下周重点工作及计划：列出下周要完成的主要工作和任务，包括重点工作和里程碑。

（3）问题和需求：列出当前面临的问题、挑战或需要解决的需求，特别是会影响下周工作的事项。

4. 如果你理解了以上要求，请回复"你好，我是你的周报小助手，请向我提供你的工作内容。"

你好，我是你的周报小助手，请向我提供你的工作内容。

Z 6月5日，A项目，跟客户开会，确认了需求方案；本周开始按照需求方案设计原型，计划下周向客户汇报原型，进行原型确认。

收到，请继续提供工作内容或要求输出周报。

Z 6月5日，B项目，客户新增了需求变更，可能导致项目成本超支和进度滞后。

Z /output 本周周报

周报

日期范围：6月5日至6月8日。

本周重点工作完成情况如下。

1. A 项目：
- 与客户开会，确认了需求方案；
- 设计了项目原型，准备下周进行客户汇报和原型确认；
- 组织技术团队，梳理项目执行计划。

2. B 项目：
- 客户提出了需求变更，可能对项目成本和进度产生影响。

3. 突发事件：
- A 项目运行的系统发生故障，导致用户无法登录，已联系云服务器厂商编写故障报告。

下周重点工作及计划如下。

1. A 项目：

图 5-4　通过提示词将 ChatGPT 训练成可重复使用的周报小助手

5.2　邮件写作

　　职场中很多正式沟通都是通过邮件完成的，如面试邀请、商务沟通等。对职场人而言，写邮件最大的痛点莫过于不知道如何开头，尤其是面对一些比较困难的沟通场景时。例如，客户一直不回款，该如何写一封催款邮件呢？明明知道邮件的目的是什么，也知道主要内容是什么，但就是下不了笔。这个时候，如果能有一封类似的邮件作为参考，就会轻松很多，而这恰好是 AI 擅长的。

　　例如，针对催款这个场景，我们先确定目标——让 ChatGPT 帮我们写一封催款邮件（见图 5-5），然后补充背景信息，包括催款的对象、原因、背景信息、语气要求等，最后让 ChatGPT 输出邮件内容。

　　当拿到 ChatGPT 输出的邮件模板时，我们就可以松一口气了。当然，我们还需要对这个邮件模板进行审核和调整，例如，补充一些此前没有提供的信息、调整一些措辞等。我们可以借助 ChatGPT 完成工作，但不能完全依赖 ChatGPT 的输出。

你是一名资深的商务人士，擅长沟通。现在我需要你帮我写一封催款邮件，向我的客户 A 总催收项目尾款，请注意语气不要过于生硬，要有亲和力。这个项目是去年 12 月启动的，我们也按期按质交付了，按照合同，今年 6 月份 A 总就应该支付尾款了。

 尊敬的 A 总：

我希望您一切都很好。我写信是为了提醒您，我们的合作项目已经顺利完成，现在进入了尾款阶段。根据我们去年 12 月签订的合同，您应该在今年 6 月完成支付。

首先，我想再次强调我们对这个项目的重视和努力。我们的团队在过去几个月里一直努力工作，确保按时按质完成交付。您的支持和信任对我们来说非常重要，能够与您合作，我们非常感激。

然而，截至目前，我们还没有收到尾款。我们希望您能尽快处理支付事宜，以便我们能够平衡我们的财务状况并继续为您提供优质的服务。

我们非常理解在商务合作中出现各种情况的可能性，因此我们希望能够与您沟通，了解是否有任何问题或原因导致了款项支付的延迟。如果有任何疑问或需要进一步解释，请随时与我们联系，我们将尽快回复并解决您的问题。

再次感谢您选择与我们合作，以及您一贯的支持。我们期待收到尾款并继续与您合作更多的项目。祝您生意兴隆，事业蒸蒸日上。

衷心的问候

【你的姓名】

【你的职位】

【你的联系方式】

图 5-5　ChatGPT 根据要求输出邮件内容

　　还有一类更复杂的沟通场景是跨语种沟通，假设 A 总是一位美国人，我们就需要将邮件翻译成英文，还要保证语法、用词正确。这个时候，我们可以把自己修改后的邮件提交给 ChatGPT，让它翻译成英语（见图 5-6），十分方便。

> Z　请把以下邮件内容翻译成英式英语:
> ###
> 尊敬的 A 总:
> 我希望您一切都很好。我写信是为了提醒您,我们的合作项目已经顺利完成,现在进入了尾款阶段,根据我们去年 12 月签订的合同,您应该在今年 6 月完成支付。
> 首先,我想再次强调我们对这个项目的重视和努力,我们的团队在过去几个月里一直努力工作,确保按时按质完成交付。您的支持和信任对我们来说非常重要,能够与您合作,我们非常感激。
> 然而,截至目前,我们还没有收到尾款。我们希望您能尽快处理支付事宜,以便我们能够平衡我们的财务状况并继续为您提供优质的服务。
> 我们非常理解在商务合作中出现各种情况的可能性,因此我们希望能够与您沟通,了解是否有任何问题或原因导致了款项支付的延迟。如果有任何疑问或需要进一步解释,请随时与我们联系,我们将尽快回复并解决您的问题。
> 再次感谢您选择与我们合作,以及您一贯的支持,我们期待收到尾款并继续与您合作更多的项目。祝您生意兴隆,事业蒸蒸日上。
> 衷心的问候
> ###

图 5-6　翻译邮件的提示词

5.3　会议记录

在早期的语音转文本应用落地时,众多 AI 厂商不约而同地瞄准了同一个应用场景——会议记录。这确实是一个非常高频的应用场景,不过大家很快就发现语音转文本在会议记录场景中面临诸多问题,如转写不准确、错别字多、口语化严重等,后期修改需要耗费的时间和精力都很多。

但是，大模型出来之后，这些问题得到了较好的解决。用户可以直接将转写结果输入大模型，让大模型梳理内容、纠正错别字等，然后输出一篇基本符合要求的会议记录（见图 5-7）。

 你是我的会议小助手，你的任务是基于我提供的会议内容输出会议纪要。要求如下。
1. 不能直接复用我提供给你的文字内容。
2. 对我提供的文字内容进行归纳，并按照"会议议题""会议结论""代办事项"三个模块进行总结梳理。
3. 每句话不能超过 50 个字。
4. 我会分批次为你提供会议内容，你在收到文字内容时仅需回复"收到，请继续提供内容或要求输出会议纪要"。
5. 当我输入"/output"时，你需要汇总我此前提供给你的文字信息，输出一篇会议纪要。

 收到，请继续提供内容或要求输出会议纪要。

图 5-7　通过提示词将 ChatGPT 训练成会议助手

不过，需要注意的是，单次输入大模型的文字数量是有上限的。例如，ChatGPT 只支持约 4000 个 Token 的输入，即便是 GPT-4 也只支持最多 3.2 万个 Token。但这个问题可以通过把文本拆分成多段，一段一段地输入来解决。

现在，一些厂商也认识到了这一点，推出了更加成熟的应用。例如，阿里巴巴推出的通义听悟就支持直接上传会议录音或录像，然后由 AI 自动进行转写并提取关键词，总结会议内容。通义听悟还能根据文字内容进行总结，自动对视频进行分段（见图 5-8），这极大地方便了后期的人工校对。

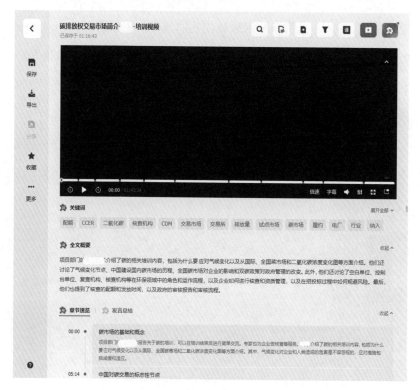

图 5-8　通义听悟对会议视频进行转写、总结示例

5.4 术语翻译

我们在进行跨行业交流或学习新领域的知识时，会不可避免地遇到各种专业术语，以往的办法是通过搜索引擎或专业辞典之类

的工具去找专业术语的解释，但这往往会花费大量的时间和精力。而且，同一个术语的英文缩写词在不同的语境里往往有不同的意思，例如，CRM 在信息技术领域代表的是客户关系管理（Customer Relationship Management），但是在市场营销的语境下代表的是客户关系营销（Customer Relationship Marketing）。对外行人而言，有时候甚至无法判断搜索引擎给出的答案是不是自己想要查找的那个。

现在，我们可以把这个任务交给大模型。第 2 章介绍了一个提示词技巧——通过设定角色限制我们跟大模型沟通的语境，这个技巧也可以用到术语的解释上（见图 5-9）。

> **Z** 假设你是一名生物医药领域的专家，请为我解释一下 API 是什么意思。
>
> 在生物医药领域，API 是 Active Pharmaceutical Ingredient（活性药物成分）的缩写。API 是指药物中负责产生治疗效果或药理活性的化学物质。简单来说，它是药物中起作用的主要成分。
>
> API 是制药过程中最关键的因素之一，它决定了药物的疗效和安全性。一种药物可能包含一个或多个 API，这些 API 可能是化学物质、生物制品或天然药物的提取物。

图 5-9　使用 ChatGPT 翻译专业术语

反过来，如果我们只记得一个专业术语的大概意思，却忘了它拗口的名字，也可以运用大模型的能力，向它描述这个专业术语的意思，让它"翻译"成专业术语。

例如，在图 5-10 所示的案例中，用户向大模型描述了一种技术，然后让 ChatGPT 找到这个技术的具体名称及解释，最终的效果很不错。

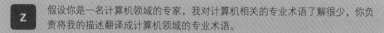

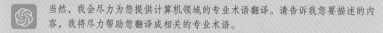

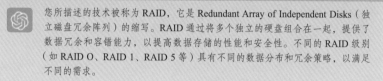

图 5-10 让 ChatGPT 根据解释找到对应的专业术语

这两个方面的应用，对跨行业沟通、文案编辑工作或快速熟悉一个新领域的知识都很有帮助。

5.5 提纲草拟

我们在职场中常常会遇到汇报、提案、培训的场景，第一步往往是拟一份大纲，然后根据大纲逐项填充内容。如果需要沟通一些重点事项，就要在拟出提纲之后跟相关人员确认，然后开展下一步工作。其实，敲定提纲之后，剩余的工作就水到渠成了，大部分难点都集中在第一步。

　　大模型的扩写功能在类似的场景中可以为我们提供很大的帮助，这也是大模型"火出圈"之后，众多用户、厂商发现的大模型最常用、最好用的功能之一。

　　例如，我现在需要写一篇关于区块链应用与发展趋势的文章，我就可以按照第 2 章介绍的提示词技巧编写提示词，然后要求 ChatGPT 输出一份提纲，输出结果如图 5-11 所示。

假设你是一名长期关注区块链发展的区块链专家，我需要你为我的培训材料生成一份大纲，并为每个标题生成一段不超过 50 字的内容介绍。培训的主题是区块链应用与发展趋势，我的培训对象对区块链技术一窍不通，所以请使用通俗易懂的词汇，避免使用专业术语。

培训主题：区块链应用与发展趋势

大纲：

1. 什么是区块链

- 介绍区块链的基本概念和原理，以及它与传统数据库的不同之处。

2. 区块链的优势和应用场景

- 解释区块链的优点，如去中心化、透明性和安全性，并提供一些实际应用场景的例子。

3. 区块链与加密货币

- 探讨区块链与加密货币之间的关系，解释为什么加密货币是区块链技术的一个重要应用。

图 5-11　用 ChatGPT 快速输出文章提纲

　　ChatGPT 首次生成的提纲可能并不完全符合我们的要求，也许它输出的提纲内容太多、太冗长了，或者它给出的某个标题不在我们的预期范围内。不过，这些都可以通过进一步与 ChatGPT "沟通"去调整，它已经帮我们迈出了关键的第一步。

第 **6** 章

不同行业、岗位的应用场景

本章为不同行业和岗位的从业者展示了如何在日常工作中运用 AI 快速完成任务。在介绍本章的具体内容之前，我们想提醒大家以下几点。

（1）请通读 6.1 节到 6.10 节的内容，了解不同行业和岗位的工作之间的共性。例如，6.1 节介绍的策划与营销工作和 6.4 节介绍的媒体与自媒体工作及 6.5 节介绍的设计师工作同属创意型工作，在工作流程上需要与其他人配合，协同工作；6.9 节介绍的人力资源管理工作中的问卷设计、奖金方案制定和内部海报设计等内容与 6.1 节、6.4 节和 6.5 节的内容有一定的关联，都属于企业内部管理和宣传工作。

（2）各节针对不同的行业和岗位，只列举了一些出现频率较高、切入口较小的 AI 应用场景，目的是方便大家了解 AIGC 工具的操作逻辑，大家可以进一步发挥自己的创造力，在工作中探索更多的应用场景。

（3）本章涉及的案例尽可能使用更多的工具或平台，例如，在文本处理方面使用了 ChatGPT、Claude、讯飞星火等，在绘图方面使用了 Midjourney 和文心一格，在图片处理方面使用了 Clipdrop、ARC、Canva 等。其实，同类的 AIGC 工具或平台还有很多，同样值得大家去探索和发现。

如果你是职场人士，通过本章提供的案例和思路，一定可以提高工作效率，发现新机遇，甚至重新定义业务流程。我们确信 AI 可以帮助更多的职场人，但同时我们也相信本书提到的任何一种职业都不会被 AI 完全替代。更准确地说，替代你的不是 AI，而是比你更懂 AI 的人。我们希望本章介绍的案例和工作思路可以启发更多的职场人利用 AI 实现工作创新，拓展新的 AI 应用场景，极大地释放生产力并创造更大的价值。

6.1 营销与策划

从事营销与策划工作的人常常需要提出大量的创意、方案等，AI 可以在以下这些方面提供支持。

（1）品牌系统搭建的创意方案。AI 可以根据品牌属性和目标消费群体，快速提炼出大量富有创意的品牌名称、宣传语、产品描述等，供营销与策划人员快速搭建品牌系统。

（2）品牌定位策略的创新思考。AI 可以从全新的角度出发，针对品牌定位策略提供颇具创意的思路与方案建议，帮助用户打开思路。

（3）创新理念的探索。AI 可以尝试不同的创新思路和概念，为用户提供更丰富的创意灵感和实现思路。

（4）产品及宣发规划。AI 可以辅助策划人员完成产品定位、目标用户分析、网站或产品详情页设计等工作。

（5）营销活动的创意策划。在具体营销活动的策划中，AI 可以在活动形式和实施流程等方面提供富有创意的方案供用户参考。

（6）其他的创意策划、内容及视觉材料支持。

6.1.1　创意：建立属于自己的头脑风暴团队

相信从事策划工作的人对头脑风暴（以下简称"脑暴"）并不陌生，三五个同事针对一个主题从不同的维度提出创意或思路，短则 30 分钟，长则两三个小时，这是创意工作绕不开的环节之一。AI 拥有极强的创意能力，能让你轻松拥有一个脑暴团队，不仅可以大幅度降低跨部门沟通的门槛，节省大量的时间，还能发现更多的创意维度，提供更多的有效结论。

假设我们现在需要为某女装品牌店铺做创意提案，此品牌主要针对 30~40 岁的职场女性，面料比较轻柔。我们可以把命名的任务交给 Claude，让它为品牌起名（见图 6-1）。

Claude 提供了一些名称，但不够理想，我们可以进一步明确条件和风格，如"再时尚一些，多体现一下品牌舒适感，增加个人 IP 属性"等，最终得到了一些符合我们预期的名称，如"妙致""小酒窝主播""优雅作""安静的鸾"等（见图 6-2），这里选择"安静的鸾"这个名字。

为满足中英文双语传播的需求，我们让 Claude 生成与"安静的鸾"匹配的英文名称（见图 6-3）。

经过多轮优化，我们选择"QiuQiu"为该女装品牌的英文名称。

wang nan 下午 4：22

我要做一个女装品牌，主要针对 30~40 岁的职场女性，服装风格是舒适的、典雅的，希望从不同的创意思考维度，给这个品牌起 8 个名字，要求容易记住、不绕口，最好可以同时作为个人 IP 名称。

Claude 应用 下午 4：22

非常理解，根据您提供的品牌定位与目标人群特征，我拟了 8 个品牌名称供您参考。

1. 妙致（Miao zhi）：意为聪明、巧妙，寓意舒适、典雅、机智。
2. 居丽斯（Ju li si）：来源于古罗马女神朱丽叶，象征美丽、活力与妩媚。
3. 优雅作（You ya zuo）："优雅"体现品牌风格，"作"寓意生活创作。
4. 茉莉姿（Mo li zi）：茉莉花代表清新典雅，"姿"为妩媚之态。
5. 女语言（Nǚ yu yan）：以"女"象征目标人群，"语言"代表沟通与交流。
6. 洛姿芳（Luo zi fang）：优美动人，芳香迷人。
7. 熏翠方（Xun cui fang）："熏翠"与"芳香"同义，寓意优雅。
8. 雅乐芬（Ya yue fen）："雅乐"代表优美与典雅，"芬"为芬芳馥郁。

Claude 应用 下午 1：07

根据您的目标客户群和商品定位，这里有几个淘宝女装店名称的建议。

1. OL 鬃 Chic。"OL"代表目标客户群职业女性，"鬃 Chic"代表店铺提供时尚精致的服装，简洁且容易记住。
2. 都市 OL 衣橱。"都市"和"OL"组合直接点明客户群，"衣橱"给人整体解决职业装需求的感觉，这是一个比较专业的店铺名称。
3. Lady 时尚屋。"Lady"代表优雅的女性形象，"时尚屋"给人提供各种流行时尚的服装和配饰的感觉，显得品种丰富，名称简洁大气。
4. 格调衣食。"格调"代表店铺提供高雅且专业的女装，符合 30~40 岁职业女性的整体形象，名称简洁，容易在客户脑海中留下清晰印象。
5. JOYCHO 精选。"JOYCHO"蕴含乐活充实的品牌理念，"精选"代表店铺提供的高品质、品味独特的产品，名称独特且易记。

考虑到您的目标客户群特征和店铺定位，我建议选择简洁、大气、高端且具有潜在品牌形象的名称，避免过长、生僻或常见的名称。名称要突显客户群、商品风格和品牌理念，使消费者第一眼就能对店铺有所认知。

请从以上建议中选择最符合您期望的店铺名称，或者直接提出新的名称构思，我很乐意继续提供新的修改建议。名称是店铺形象和品牌的基石，需要慎重考量，选择最贴近品牌定位的名称。如果有任何疑问或需进一步讨论，请告知，我定会竭诚相助。

图 6-1　让 Claude 为女装品牌起名

wang nan 下午 1：09

再给我起 5 个名字。要好记，既可以做店铺名称，又可以作为个人 IP，可以参考"崔婵""赵大喜""许大情"。

Claude 应用　下午 1：09

这里提供 5 个淘宝店铺及个人 IP 名称的建议。

1. 怡然 MM。"怡然"给人舒心悠然的感觉，"MM"直接代表女性名称，简洁易记、女性化，适合作为个人 IP 名称。

2. 安静的鸾。鸾是一种美丽典雅的鸟，名称给人温柔内敛的印象，简洁大气、富有诗意，既适合作为店铺名称也适合作为个人 IP 名称。

3. 潇潇雨歇。"潇潇"代表细雨绵绵，"歇"代表停止，给人淡雅清新之感，同时又不失活力，简洁到位，在竞品众多的淘宝上随处可见。

4. 笑涵 MM。"笑涵"富意愉快的笑容，给人开朗乐观的印象，"MM"显得亲切可人，简单易记，适合个人和店铺使用。

5. 小酒窝主播。"小酒窝"代表可爱的特征，"主播"直接关联到网络营销，名称既独特又贴近网络热词，同时富有亲和力，非常适合作为店铺名称或个人 IP 名称。

这些名称简洁、悦耳、富有品质感和个性特征，同时考虑到了网络热词和个人特点，既能突出店铺和品牌形象，也能建立店主个人形象，达到增强店铺和个人双重影响力的目的。请从中选择最符合您品牌和风格的名称，或者提出新的名称构思，我很乐意继续提出新的修改意见，跟您一起探讨，找到最优解决方案。

如果需要同时考虑店铺名称和店主个人 IP 打造，一定要找到两者潜在的关联性和一致性，让两者在消费者心目中形成连贯的印象和认知。这需要慎重考虑，尽量避免两者完全脱节。我会在提供各种名称选项和修改意见的同时持续提示这一关联性，以帮助您找到最佳解决方案。

请提出疑问或建议，我定会认真应对。谢谢信任与支持！我会持续努力，为您提供更加专业和高效的服务。

图 6-2　Claude 起名优化

wang nan　下午 1：10

"安静的鸢"很不错，能给我提供几个与之匹配的英文名称吗？

Claude 应用 下午 1：10

根据中文名称"安静的鸢"，这里有几个英文名称的建议。

1.Quiet Phoenix。"Quiet"与"安静的"对应，寓意温和内敛；"Phoenix"与"鸢"对应，代表优雅高贵的形象，体现品牌特征。

2.Graceful Swan。"Graceful"与"安静的"对应，代表温柔高雅；"Swan"与"鸢"对应，象征优美高贵，名称简洁大气，品牌内涵丰富。

3.Serene Birds。"Serene"与"安静的"对应，代表宁静从容；"Birds"与"鸢"对应，名称简洁，品牌理念明确。

4.The Peaceful Wings。"Peaceful"与"安静的"对应，代表祥和平和；"Wings"与"鸢"对应，另辟蹊径，更加新颖，品牌理念独特。

5.Quietude&Grace。"Quietude"与"安静的"对应，代表安宁、静谧；"Grace"与"鸢"对应，代表优雅高贵，名称简洁，同时体现东西方文化的结合，显得更加高档大气。

在选择英文名称时要考虑"安静的鸢"这个中文名称所要传达的品牌理念和形象特征，选择与之对应且一致的英文词汇来构成名称。同时，名称要简洁、易读、易记，在潜移默化中带出品牌的独特内涵。可以选择直接翻译的全英文名称，也可以选择中英文结合的混合名称，以体现品牌的现代感和国际化。

请从以上选项中选择最佳的英文名称，或者提出您的新构思，我会继续提供新的修改意见并分析每个名称的优劣，以帮助您选出最优名称。品牌的中英文名称是品牌的核心要素，需要综合考量，选择一个独特又能被广泛接受的最优名称。有任何疑问请提出，我很乐意继续探讨和对话。

图 6-3　用 Claude 优化反馈

接下来，我们让 Claude 生成标志、创意、品牌定位、用户画像、产品描述、视觉建议等相关的品牌文案（见图 6-4），并将视觉建议生成 Midjourney 提示词（见图 6-5）。

然后，我们可以让 Claude 生成 Markdown 格式文本或 PPT（具体方法详见 6.1.2 小节），以及设计、配色方案。我们将 Claude 生成的提示词输入 Midjourney，由其生成相关设计素材（具体方法详见 3.1 节），再用 ARC 进行图片处理（具体方法详见 4.2 节），前后只需要 30 分钟即可得到该女装品牌的所有素材图片（见图 6-6）。

多次重复以上操作，我们可以在极短的时间内输出大量的品牌策划方案，节省大量的时间及沟通成本。

wang nan 下午 1：13

我决定中文名就叫"安静的鸢"，英文名叫"QiuQiu"，接下来我要设计品牌 Logo，给我几个创意思路。

Claude 应用 下午 1：13

根据您选择的中文名称"安静的鸢"和英文名称"QiuQiu"，这里是几个品牌 Logo 创意思路的建议。

1. 鸢的图形化演绎。可以提取鸢的特征元素，如羽毛、双翼、喙等，进行简洁的图形化设计，配上品牌字体的组合，突出品牌名称与鸢的关联。

2. 双联演绎。使用双 Q 的文字组合，选用优雅简洁的字体，突出品牌名称的清新感觉；也可以考虑双 Q 的连体字表达形式。

3. 问号与叹号组合。QiuQiu 可以使人联想到富有节奏感的名词重复，类似"秋天秋天"之感。可以考虑利用问号和叹号等标点符号与 Q 的组合，表达品牌的节奏感。

4. 鸢与羽毛元素融合。选择简洁的鸢与羽毛的图形元素，与 QiuQiu 字体融为一体，使字与图形相互辉映，表达"安静的鸢"之意。

5. 简洁。利用"Would you like"和"QiuQiu"的发音关联，表达品牌的亲和力，可以考虑 Would you 和 QiuQiu 的简洁图文组合。

这些创意可以单独使用，也可以选择其中的两个或以上进行融合与演绎。总体来说，适度融入鸢与 QiuQiu 的视觉关联，并兼顾简洁、音乐节奏的表达形式，避免过于复杂的组合，留出想象空间，这会留出品牌扩展的潜力。

请根据您的品牌定位和风格选择最佳的创意方向。我可以继续提供更详细的设计稿和完善方案。请直接提出您的创意与意见，我很乐意提供新的修改建议，帮助您设计出独特的品牌识别系统。

图 6-4　用 Claude 获取品牌标志创意思路

wang nan 下午 1：15

转换成 Midjourney 的提示词。

 Claude 应用 下午 1：15

这里是设计需求的简短总结及转换后的 Midjourney 提示词。

设计需求如下。

品牌名称：QiuQiu（英文）、安静的鸢（中文）

目标：清新、优雅、有品质感的品牌视觉识别系统

主视觉：简洁的鸢图形元素与 QiuQiu 字体融为一体

色彩：清新中性色系

理念：表达动感节奏与品质内敛的结合

转换成 Midjourney 的提示词：

A minimal and elegant logo for a brand named 'QiuQiu' in English and 'Anjing de Luan' in Chinese.

The key visual design incorporates a simplified phoenix iconography integrated with the 'QiuQiu' typography.

Use a neutral and refreshing color palette.

The design conveys a combination of rhythmical dynamism and introverted quality.

Focus on a clean, high-quality brand visual identity.

图 6-5　Claude 提供的视觉建议

品牌名称：
QiuQiu（英文）
安静的鸢（中文）
目标：清新、优雅、有品质感的品牌视觉识别系统
主视觉：简洁的鸢图形元素与 QiuQiu 字体融为一体
色彩：清新中性色系
理念：表达动感节奏与品质内敛的结合

图 6-6　综合应用效果

6.1.2 策划方案：快速生成提案 PPT

营销与策划人员大部分都是 PPT 高手，提创意、写方案、排版都是他们的常规工作。PPT 制作非常耗时，而 AI 恰恰可以在提创意、写方案、排版等方面提供极大的支持。例如，在创意方面，ChatGPT、Claude、讯飞星火等可以提供支持；在 PPT 生成方面，Gamma、MotionGo、Tome、Mindshow 等都是很好用的工具。不过，需要注意的是，即使 AI 帮助我们生成了 PPT，排版也不会很精美，进一步优化排版依然是策划人员的工作。AI 可以极大地提升策划人员的工作效率，但并不能替代策划人员。

假设我们现在需要制作一份提案 PPT，我们可以先把之前撰写的初步方案（也可以提供方案讨论的会议纪要）发送给 Claude，让其进行结构方面的整理，让 Claude 直接输出 Markdown 格式文本（见图 6-7）。

接下来，将 Markdown 格式文本复制到 Mindshow 页面中（见图 6-8）。

然后，我们生成 PPT，调整左侧文字列表即可进行布局和内容的调整，在右侧可以勾选适合这个主题的 PPT 模板（见图 6-9）。

最终，下载生成的 PPT 文件，即可进行本地编辑（见图 6-10）。

wang nan 下午 5：04

将此方案输出为 Markdown 格式文本。

Claude 应用 下午 5：04

\# 第七届"创客中国"生物医药中小企业创新创业大赛
\#\# 赛事共建方案
举办单位：工业和信息化部信息中心、北京市经济和信息化局
承办单位：中关村科技租赁股份有限公司
协办单位：北京市中小企业公共服务平台及其他
支持单位：待定
\#\#\# 一、大赛目的
第七届"创客中国"生物医药专题赛是工业和信息化部、财政部指导的全国性赛事，面向生物医药领域中小企业和创客，围绕行业发展实际需求，在全国范围内选拔生物医药创新项目。通过比赛为参赛者提供交流、融资和项目孵化平台，挖掘培育优秀项目和团队，促进新产品、新技术和新业态出现，激发企业创新活力，提高企业专业能力，推动龙头企业与优秀项目和中小企业协同创新，引导项目落地孵化，助力产业园建设和区域布局，推动地方高质量发展。大赛分企业组和创客组。设线上初赛、区域赛（复赛）、半决赛、决赛四个阶段，设置四个赛区，决赛在北京举办。企业组和创客组各设 7 个奖项，获奖项目可进入总决赛，共 16 个项目。

图 6-7　Claude 输出 Markdown 格式文本

图 6-8　将 Markdown 格式文本复制到 Mindshow 页面中

图 6-9　用 Mindshow 制作 PPT

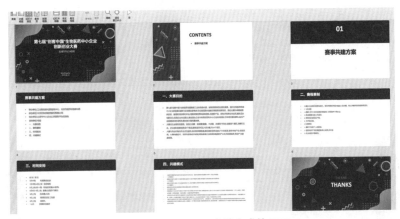

图 6-10　Mindshow 自动生成的 PPT

6.1.3 方案配图：建立能够匹配各类尺寸和风格的图库

策划人员经常需要撰写大量的方案，而文案及配图是方案的核心。我们可以参考 6.1.1 小节的思路快速完成文案的起草。至于配图，传统的做法是花费大量的时间去搜索可免费商用的图片素材，而现在我们可以让 AI 快速生成大量相同或不同风格的图片素材，包括非常规尺寸的背景图（用于发布会、论坛、路演等活动）及各类大小配图。

假设我们现在需要为某创投机构准备演讲 PPT 的背景图片，为了达到最好的现场效果，结合行业属性先给背景图片的整体风格定调：商务、严肃专业的氛围，特写、中景、远景，紧迫感。另外，根据演讲现场的设备情况，确定图片比例为 16 ：9（该比例一般根据演讲现场的 LED 屏幕或投影仪确定）。

我们把绘图任务交给 Midjourney。

> **提示词：**
>
> Several sheets of paper on the table, blue and white light, business atmosphere, serious and professional atmosphere, close-up, sense of urgency and importance, extreme detail, poster background --ar 16:9　--quality 1　--stylize 300　--v 5.1（桌子上有几张纸，蓝白光，商务氛围，严肃专业的氛围，特写，紧迫感和重要性，极端细腻，海报背景　--ar 16:9　--quality 1　--stylize 300　--v 5.1）

生成的图片如图 6-11 所示。如果生成的图片不符合要求，我们可以点击右侧的"刷新"按钮，再次生成一批图片，也可以调整提示词，直至得到满意的图片。

图 6-11　Midjourney 生成的背景图片

接着，我们生成其他页面的背景图片。我们只需要将提示词最前面的画面描述"Several sheets of paper on the table"（桌子上有几张纸）替换为其他的画面描述，如"Building blocks, a skyscraper built as a whole"（积木建造而成的摩天大楼）或"An open book, with soft natural blue and white light shining on it"（一本打开的书，柔和自然的蓝白光照射在上面），生成的图片如图 6-12 所示。

接下来，我们将需要做二次处理的图片导入图片处理平台 Erase.bg，进行抠图处理（见图 6-13）。

抠图处理完毕后，我们得到了大量的背景图片（PNG 格式），如图 6-14 所示。

我们把这些背景图片导入 PPT 并添加文字，做适当排版后的效果如图 6-15 所示。

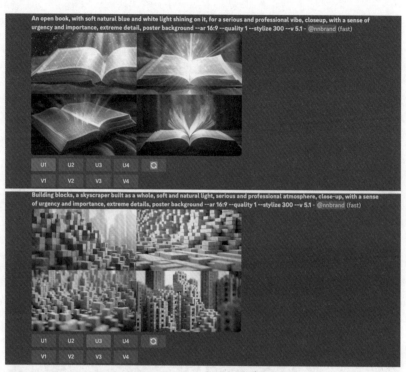

图 6-12　Midjourney 生成的其他背景图片

图 6-13　用 Erase.bg 进行抠图处理

图 6-14　生成的背景图片总览

图 6-15　PPT 排版效果

参考上述操作方式，在使用 Midjourney 生成图片的过程中，不断调整场景描述并明确图片比例（通过 "--ar 16:9" "--ar 4:3" "--ar

1:1"之类的参数设置长宽比），就可以得到各种比例的背景图片，适应不同的投影或显示设备；然后，通过 Erase.bg 之类的图片处理平台做适当的二次处理，即可得到更符合自身需求的图片。

6.1.4 海报：不会设计也能快速出图

策划人员与设计师的工作是紧密连接的，策划人员更加专注于需求，设计师则更加专注于设计的落地，两个岗位的工作是相互依赖、相互支持的。策划是项目的"思想"，设计则是项目的"表现"，但"策划语言"与"设计语言"通常并不使用相同的"语言逻辑"，往往需要长时间的磨合，才能打破沟通方面的壁垒。好在现在有了好用的 AIGC 工具，它们可以辅助策划人员为设计师指明视觉呈现的方向，让设计师快速了解画面需求或为其提供基础设计素材。比较简单的海报可以由策划人员直接生成初稿，设计师可以把更多的时间和精力放到更复杂的设计任务上。

假设我们需要设计一张露营活动海报，但没有设计方面的专业基础，我们就可以组合使用 Claude（文本方案）、文心一格（AI 绘图）和 Canva（平面设计）这三种工具。

我们可以让 Claude 提出设计思路，为我们描述画面的整体氛围，生成适用于文心一格的提示词（画面主体 + 画面细节 + 艺术风格），然后在文心一格的指令区输入提示词，并将画面比例调整成9 ： 16（见图 6-16）。

图 6-16　文心一格设置

我们可以选择"明亮插画"或"概念插画"等风格，经过多次调试，即可得到我们满意的海报背景图（见图 6-17 和图 6-18）。

图 6-17　文心一格设置及图片生成效果 1

图 6-18　文心一格设置及图片生成效果 2

接下来，我们选择最满意的 2 张背景图，进入 Canva 平台并选择匹配的模板（见图 6-19），将之前生成的背景图拖拽进去，简单地调整文字及排版效果。

最终，我们生成了多张海报，这些海报既可以用于与设计师沟通需求，也可以直接发布（见图 6-20）。

图 6-19　用 Canva 平台完成海报设计

图 6-20　海报效果图

6.1.5 项目推进：培养一位称职的"细节控"助理

营销与策划人员往往需要统筹各类线上、线下的活动，这项工作非常繁杂，必须考虑到包括时间、流程、嘉宾、物料、传播等在内的诸多因素或环节，任何一个因素或环节出现问题，都会对最终的活动效果产生影响。因此，必须对活动各个方面的细节进行梳理，确保每个环节都能顺利推进。

假设我们在一家创投机构担任策划人员，现在需要筹办一场年度论坛，我们可以把议程发送给 Claude，让其掌握背景及流程信息（见图 6-21）。

wang nan 中午 12：05
你是一位活动统筹负责人，请熟读并理解以下议程安排。

第 2 天——5 月 22 日，无限可能 2021 英诺创新者大会

时段	时间	环节	嘉宾
上午	9：00—9：30	嘉宾签到	嘉宾姓名
	9：30—10：00	主题演讲 1	嘉宾姓名
	10：00—10：30	高峰对话	嘉宾姓名
			嘉宾姓名
			嘉宾姓名
	10：30—11：00	高峰对话	嘉宾姓名
			嘉宾姓名
			嘉宾姓名
	11：00—11：15	创业者说 1	嘉宾姓名
	11：15—11：30	创业者说 2	嘉宾姓名
	11：30—12：10	主题论坛 1	嘉宾姓名

午餐

图 6-21　向 Claude 发送议程

接下来，我们以这个议程为基础，要求 Claude 生成论坛活动各

个环节的时间安排（见图 6-22）。

 wang nan 中午 12：10
很好，这个大会的筹备期共 1 个月，请按照这个筹备期将每个时间节点的重要
工作整理出来。

 Claude 应用 中午 12：10
好的，根据 1 个月的大会筹备期，这里是每个时间节点的重要工作安排。

第 1 周
1. 确定大会主题和议程，制定初步的嘉宾名单。
2. 选定会场，与会场方面确定场地使用详情并签订合同。
3. 确定会务公司或组委会，签订委托协议，确定工作职责分工。
4. 启动礼品、资料等的采购工作，确定概算成本。
第 2~3 周
5. 确定大会嘉宾名单和邀请函发送时间，启动宣传工作。
6. 进一步明确物料清单，确定采购工作计划。
7. 按照区域布置要求，调整布台，准备硬件，演练流程。

图 6-22　Claude 基于议程生成的工作安排

接下来，我们让 Claude 将人员分工、物料清单整理出来（见
图 6-23）。

wang nan 中午 12：06

好的，将这个活动的人员分工、物料清单整理好给我。

Claude 应用 中午 12：06

好的，根据您的要求，这里是我整理的人员分工和物料清单。

人员分工
活动统筹人：1人，负责活动全过程方案的设计、协调和监督。
活动执行人：3人，负责现场会务、签到接待、时间把控等。
主持人：3人，分别主持开幕式、高峰对话和项目路演。
技术支持：5人，负责会场布置、灯光音响、录像和网络支持等技术工作。
前台接待：10人，负责嘉宾和与会者的签到引导和信息查询等工作。

物料明细
1. 会场及基础设备：会议桌椅、桌牌、投影仪、麦克风等。
2. 网络和技术支持：会场 WiFi、录像机、音箱、话筒、投影屏幕等。

 wang nan 中午 12：07

把物料清单细化到可执行的程度，并标注出来具体数量。

Claude 应用 中午 12：07

好的，根据您的要求，这里是可执行的物料清单及数量。
1. 会议桌：20张，半圆形，长3米，可容纳8人。
2. 会议椅：160把，布面光滑的椅子。
3. 桌牌：30个，可标注嘉宾姓名和单位。
4. 投影仪：2台，高清、标清投影仪各1台，以备不时之需。
5. 话筒：10支无线话筒，以便主持人和嘉宾发言。
6. 音箱：4个，主会场2个，副会场2个，音箱与无线话筒对应。
7. WiFi设备：3个，主会场2个，备用1个，以防网络中断。
8. 前台桌：3张，木质，1.2米长。
9. 前台椅：10把，布面办公椅。

图 6-23　Claude 根据需求提供执行方案

我们还可以让 Claude 把这场活动的风控信息整理出来，提前开
展风控工作（见图 6-24）。

wang nan 中午 12：13

针对这场活动，舞台区可能出现的突发问题都有哪些？如何防控？

Claude 应用 中午 12：13

对于这场 150 人的活动，舞台区可能出现的突发问题主要如下。

1. 音视频设备故障。例如，投影仪、话筒、音箱等出现异常，影响活动现场效果。防控措施：提前测试设备，准备好备用设备，以备不时之需。

2. 网络中断。会场 WiFi 出现故障会影响嘉宾体验。防控措施：启动双 WiFi 设备，确保有线网络畅通，提前与服务商确认网络稳定性。

3. 演讲嘉宾迟到或无法出席。积极联系嘉宾，确认出席情况，提前 3 天再次确认行程安排。必要时准备替补嘉宾或调整程序。

4. 现场秩序混乱。例如，工作人员引导不力，或者会场突发骚乱事件。防控措施：在工作人员培训中强调秩序维护，制定突发事件应急预案，确保活动有序进行。

5. 录像设备出现故障。这会造成无法记录活动全过程，影响会后宣传报道效果。防控措施：聘请专业团队，准备好备用设备，以防录像设备出现故障。

6. 舞台设施损坏。例如，舞台或座椅出现安全隐患，影响活动顺利开展。防控措施：活动前再次检查设施，确保设施牢固并达到安全标准。

7. 雨天损坏。露天场地突然降雨会影响活动进程。防控措施：提前查看天气预报，必要时准备会场设施进行遮挡，或者更换室内会场。

以上都是活动过程中可能出现的突发状况，我将提前列出各种应急预案，与工作人员反复演练并磨合，建立协作机制，以确保在突发状况下做出快速且正确的处置，尽最大可能避免损失，确保活动顺利进行。

如您有补充或改进建议，请在回复中提出，我将认真研究并优化应急预案，为活动提供最稳妥的支持。谢谢您的宝贵意见！

wang nan 中午 12：13

了解，150 人签到，你认为签到区应该安排几名工作人员才既不会造成人员浪费，也不会出现拥堵的现象？

根据您提供的信息——150 人签到，我认为签到区适合安排 3~5 名工作人员。具体理由如下。

1. 150 人的会议属于中等规模会议，3~5 名工作人员可以应对正常签到高峰期人流，不会出现人手不足导致的拥堵情况。过多工作人员会造成资源浪费，增加活动成本。

2. 活动开始前 1 小时是签到高峰期，此时大多数嘉宾会集中到达。3~5 名工作人员可以在此期间快速引导嘉宾签到并解答各类问题，确保所有嘉宾顺利进场。

3. 签到期间也需要 1 名工作人员作为队长，协调其他人员情况，随时关注会场情况并与活动执行团队保持联系。3 名一线工作人员可以做到高效签到和引导嘉宾入场。

4. 预留少量后续工作人员为好，可以确保签到结束后及时清理会场，处理个别迟到嘉宾的签到工作，避免由于人手不足造成遗漏。

5. 若有复杂的签到程序或产品体验等活动，可以适当增加工作人员，以确保活动顺利进行。但对于一般的签到引导工作，3~5 人已经可以完全应对，不会造成资源浪费。

综上，对于 150 人的会议，如果签到程序主要为一般登记和资料发放，3~5 人比较适宜的安排。如有复杂流程或体验活动等情况需要考虑，工作人数也不能过多，6~8 人已较充足。我会根据实际情况灵活安排，在避免资源浪费的同时确保工作有序开展。请在回复中提出您的宝贵意见，我会持续优化方案，以达到最佳效果。

图 6-24　Claude 给出的风控建议

　　另外，为了提升活动的整体效果，我们可以让 Claude 提供一些解决方案用于参考（见图 6-25）。

wang nan　中午 12：15
针对多个嘉宾使用不同的演讲 PPT 风格所造成的现场视觉效果不统一的问题，你有什么好的解决方法吗？

Claude 应用　中午 12：15
对于多种 PPT 风格造成的视觉效果不统一的问题，我有以下解决方法。
1. 提供 PPT 模板：向所有演讲嘉宾提供统一的 PPT 模板，要求嘉宾在此模板基础上制作演讲 PPT，可以最大限度保持风格和视觉效果的一致性。模板中可包含公司标志、主题颜色、字体等要素。
2. 审核演讲内容：要求所有嘉宾提前 3~5 天提供演讲 PPT，然后由活动策划方审核内容和形式，提供修改意见，确保风格基本统一。在不影响嘉宾表达的前提下，提出适当的修改要求。
3. 提供演讲指引：向嘉宾提供演讲指引，针对 PPT 页面设置、图片、配色方案等提出建议，要求嘉宾在自身风格基础上参考执行，达到统一的视觉效果。指引中要强调整体效果的重要性。
4. 限定配色：为活动统一制定主题色系，要求所有 PPT 尽量采用此配色方案。主题色可以体现活动性质或主办方特征。限定配色可以实现视觉风格的高度统一。
5. 统一转场效果：提供统一的 PPT 转场动画或效果，要求所有嘉宾采用。转场效果的统一也可以增强视觉效果的整体性，但这也可能限制嘉宾的创意，需要慎重考虑。
6. 统一演讲背景：提供统一的演讲背景板或墙体，这个背景在所有嘉宾演讲时保持不变，这样也可以展现连贯的视觉效果，成为各个 PPT 的衔接点。

图 6-25　Claude 给出的可改善活动细节的解决方案

　　针对各类嘉宾的通告也可以交给 Claude 撰写，大大提升工作效率（见图 6-26）。

wang nan 下午 12：53
针对这个活动输出一份给登台嘉宾的活动通告，其中包含活动时间、地点（青岛新金融中心路演厅）、注意事项等。

Claude 应用 下午 12：53
下面是针对此次活动的嘉宾通告。

尊敬的登台嘉宾：
欢迎您出席本次活动，在此通告中，我们向您提供活动相关信息和注意事项，以确保您的演讲顺利进行。
一、活动时间：2020 年 12 月 18 日 8：30 — 16：30
二、活动地点：青岛新金融中心路演厅（青岛市海尔路 88 号）
三、流程安排
1.请您提前 30 分钟到达会场签到并入场，我们将在会场入口处设置专用的嘉宾通道。
2.您的演讲时间为 30~40 分钟，包括演讲环节 20~30 分钟及问答环节 10 分钟。问答由活动主持人主导，请配合主持人。
3.您可在入场 30~40 分钟前到达后台准备，工作人员会引导您入座并进行机位测试。
4.演讲结束后请在后台休息 15 分钟，随后可选择返回座位观看其他嘉宾演讲或离场。

图 6-26　Claude 给出的嘉宾通告

最后，本次活动对外传播的亮点提炼、活动通稿、主持人串词等文案工作都可以交给 Claude，由其起草初稿或优化稿件（见图 6-27）。

wang nan 下午 12：57

根据这个活动，给我提炼 5 个媒体传播的核心亮点。

Claude 应用 下午 12：57

根据您提供的活动信息，这里是我提炼的 5 个媒体传播的核心亮点。

1. 行业权威发布未来趋势报告，引领行业新思维。这一亮点符合多数媒体对行业报告和趋势判断的追捧态度，容易成为媒体报道的重点。

2. 超高规格会场布置，彰显活动高端定制化。会场布置反映了活动品质与影响力，媒体喜欢报道高规格、高品质的活动实景，这也是一大亮点。

3. 政府部门及企业支持，展现强大实力。重要支持者的加入可以证明活动的影响力与社会价值，这也是媒体关注的重点。

4. 现场互动环节丰富，与会嘉宾就热点展开深入探讨。精彩的现场互动环节和嘉宾观点在活动现场可以形成强劲的新闻热点，媒体也乐于跟进报道。

5. 演讲嘉宾阵容星光熠熠，商业价值或社会影响力高。重磅嘉宾的到场参与是所有媒体关注的焦点，可以最大限度提高活动的新闻价值与曝光度。

以上几点会对活动产生重大影响，也是媒体在报道活动时关注的核心要素。我会积极向各大主流媒体推介这些亮点，引导媒体对活动保持高度关注，持续制造报道热度。这些"亮点推介"也为媒体提供了主要新闻线索和报道角度，有助于媒体快速判断新闻价值，加大报道力度。

在后续的媒体工作中，我将继续深挖活动核心要素，识别与量化新闻价值，并加强与媒体的直接互动，通过定期新闻线索和亮点推送，引导媒体对活动保持持续关注，达到最好的报道传播效果。

图 6-27　Claude 给出的媒体传播的核心亮点

6.2 销售与商务

　　销售这份工作非常强调对"人"的把握，即便销售的是极具竞争力的产品，也需要极高的智慧与情商。在销售人员与客户互动的过程中，AI 可以基于大量信息提供数据化、智能化、跨界的知识储备，让销售人员把更多的时间投入与客户的互动及创新。

6.2.1　销售同理心：站在甲方的角度思考问题

销售同理心体现为：理解客户的真实需求，通过沟通交流洞察客户的业务与痛点，利用专业知识与行业经验，帮助客户找到他们最希望解决的问题，而且能与自己的销售的产品和服务有所关联，从而提出针对性强的解决方案来创造价值。

AI 在辅助建立信任与口碑方面可以发挥作用，还可以加速了解客户的过程，形成更细致的客户规划，帮助销售人员从客户那里挖掘更多的销售机会，发起更有说服力的沟通。

假设我们是销售人员，现在需要临时约见客户，我们可以让 Claude 快速生成一套能有效激发客户兴趣的开场话术（见图 6-28 和图 6-29）。

当你第一次拜访客户时，按照顾问式的销售方法，请列举能引发客户兴趣的重点事项和开场话术。

好的，以下是一些能引发客户兴趣的重点事项和开场话术。

1. 重点事项

- 了解客户所在的行业：在拜访客户之前，需要对客户所在的行业进行深入的了解，包括该行业的市场状况、竞争对手、发展趋势等，这样可以在谈话中提到相关的信息，让客户感受到你的专业性和对他们行业的了解程度。

- 产品或服务的优势：在拜访中需要清楚地介绍自己的产品或服务的优势，包括能够解决客户的哪些问题、提高客户的效率并降低成本等，这样可以让客户了解你的产品或服务对他们的价值。

- 具体的案例或成功故事：如果有类似客户的案例或成功故事，可以在拜访中分享给客户，让他们了解你的产品或服务是如何帮助其他客户实现目标的，这样可以增加客户对你的信任和兴趣。

图 6-28　Claude 分析得出的重点事项

2.开场话术
- 打招呼并介绍自己：首先要礼貌地打招呼并介绍自己，如"您好，我是 ×× 公司的销售代表 ×××"。
- 介绍自己所在公司和产品：接着简单介绍一下自己所在公司及公司提供的产品或服务，如"我们是一家专注于 ××× 领域的公司，我们的产品（服务）可以帮助客户实现 ××× 目标"。
- 引出谈话主题：最后引出本次谈话的主题，并询问客户是否有相关需求或问题需要解决，如"我今天来拜访您是因为我们有一些关于 ××× 方面的产品（服务）想要向您介绍，不知道您是否有相关需求或问题需要解决呢"。

图 6-29　Claude 给出的开场话术

另外，我们还可以让 Claude 生成本行业的重要事件，把客户之前发布的新闻稿发送给 Claude，让它分析其中的亮点、重大变化等。

6.2.2 客户管理：让"销售助理"帮你快速整理沟通记录

销售人员在拿订单的过程中需要获取大量的信息：

- 各个角色及关键人物的关注点是什么；

- 客户是否已经制定了实施时间表；

- 客户处于决策过程中的什么阶段；

- 客户的紧迫程度如何；

- 客户的参与度有多高；

- 关键客户的影响力有多大；

- 各个角色做了什么关键行动。

　　……

　　要想回答这些问题，就要从大量的信息中提取重要的细节，AI 能在这一过程中提供帮助。销售人员可以要求 AI 总结拜访客户的沟通记录，这有助于销售人员理解客户在对话中提出的关键点。AI 还可以提炼出客户的常用词，这些常用词可以反映客户的现状、最关注哪些目标、有哪些期望、有哪些担心和顾虑。在某种程度上，AI 可以扮演贴身销售助理的角色。

　　假设我们是销售人员，拜访客户后要写沟通记录，我们可以把这项任务交给 Claude（见图 6-30 和图 6-31）。

　　当然，我们还可以让 Claude 将内容简化（见图 6-32）。

　　通过这种方式，我们可以快速地整理、汇总每次的客户拜访记录，并要求 Claude 建议下一步推进的具体事项，让它成为自己的销售助理。

miracie.cui 下午 5：49

请根据下文的沟通记录，重新生成一份客户拜访记录。根据沟通记录提炼出关键点，要包含客户
最关注什么目标、有哪些担心和顾虑。

拜访记录
一、客户个人情况
1. 背景：做了十几年培训，之前做银行系统。
2. 理念：培训不是给大家增加负担，做培训的人总有一些情怀，除了业务提升也希望帮助大家提
升能力。
3. 用熟悉后不愿意换。

二、企业情况
1. 企业背景介绍。
2. 企业人员比较分散，主要做业务培训，主要使用项目管理和考试功能，去年学习平台的数据对
业务部门管理者有参考意义。
3. 研发人员占三分之一，售后实施人员占三分之一多，销售人员占十分之一，目前并行项目有 60
多个。
4. 深圳和北京各有一个研发中心，深圳的研发中心做定制化，北京的研发中心比较新，做标品。
两边的沟通不是很多，北京的人是前两年从深圳选拔出来的比较优秀的人。
5. 新员工培训主要使用项目管理，线下一年有两次启航班，半年一次，今年计划多办几次线下
培训。
6. 之前做全覆盖培训，今年计划做部分人员的培训，尤其是有主动提升意愿的。
7. 希望增加测评环节，如 DiSC、MBTI 等。
8. 今年计划做知识提炼，选 30 个案例进行话术提炼。
9. 北京有两个核心人员能解答大家的大部分问题，每一个新项目开启时都是这两个人先了解项目，
然后转给实施的人。
10. 客户有讲师激励预算，部分发放，部分转换成其他形式。

三、使用学习平台的原因
1. 其他平台评价：HW 公司有朋友做产品经理，投资 2000 多万元，外观很漂亮，交互好，架构好，
但是逻辑不顺，单独的 App 无法连接企业微信。
2. 学习平台和企业微信的天然连接，价格合适，平台干扰较少，没有强推赠送的课程包，前期免费。

四、客户需求和痛点
1. 活动签到时无法记录时长，只能记录签到时间。
2. 希望培训平台更个性化、人性化，如提醒更加个性化，观看视频时可以发弹幕。
3. 可以同时播放讲解视频和对应的 PPT。
4. 章节课中最新更新的在前面显示，重点课程可以加星号。
5. 对外可以支持对客户的调研问卷，目前只用问卷星。
6. 投票后不用下载就能看到大家的完成情况，下载后看具体内容。
7. 问卷结果可以加入图表。
8. 项目列表最好有置顶功能：项目比较多，并且有 K 吧的项目混杂于其中，最好有置顶功能，建
议客户先使用项目分类功能。
9. 学习平台和财务系统数据打通的需求。
10. 北京和深圳研发中心的沟通问题：去年有两次直播培训，但是深圳那边仍然不能理解，提问题
也没法提到根本的地方。
11. 员工培训时效性的问题：版本迭代很快，培训刚出来就过期了。
12. 知识过多、细碎，学的时候还好，实际应用的时候想不起来。

五、客户亮点案例
1. 评论区的评论和脑图
2. 持续两年的"漫月谈"活动
3. 去年的"1024 程序员节"，利用 K 吧的轻享功能进行分享。

六、"漫月谈"活动流程
1. 发活动通知，启动报名。
2. 确定主讲人，每次 3 到 4 位，主讲人确定分享主题。
3. 制作主讲人海报，根据主题招募对应听众。
4. 参与者一键建群，线下活动，异地通过电话会议参与。
5. 会后分享内容链接

七、遗漏部分
1. 客户的角色，负责领域。
2. 具体人数和分布，使用平台人员的情况。

图 6-30　提供给 Claude 的沟通记录

Claude 应用 下午 5：49
客户拜访记录

日期：2020 年 5 月 5 日。

客户：某企业总监张先生。

拜访目的：进一步了解客户的业务现状与发展需求，寻找新的商业合作机会。谈话要点与内容如下。

1. 客户的经营理念是以提高员工业务能力与个人素质为目标进行培训。张总监表示，企业开展培训的初衷是真正提高员工的综合能力，而不是增加工作负担。这也决定了企业注重培训的真实效果。

2. 企业拥有庞大但分散的员工队伍，主要做内部业务培训。张总监表示，企业员工较为分散，培训主要面向内部业务提高，学习平台的数据利用率较低，更多是管理者的参考。这说明企业内部协同与信息共享还有提高空间。

3. 研发与实施人员占大部分，目前并行项目较多。张总监表示，研发人员与售后实施人员约占总人数的三分之二，而且当前并行项目达 60 多个。这说明该企业的业务较为复杂，对员工专业能力与协作要求较高。

4. 客户在培训效果与实际应用方面有一定的担忧。张总监表示，企业开展全员培训的效果和培训内容在实际工作中的适用程度一般。部分知识可能在实际应用中想不起来。这说明客户注重培训的实用性与应用转化。

5. 客户较为看重学习平台与企业微信的结合。张总监表示，选择学习平台的原因之一是与企业微信的天然连接，这有利于培训效果的跟踪与评估。这显示客户较为重视培训效果的监测与改进。

6. 客户有增强培训互动性与图形化展示的需求。张总监表达了对增加培训弹幕、同步 PPT 展示、更新提醒、项目标签分类等功能的期待。这说明客户希望进一步增强学习体验以提高培训效率。

以上是本次客户拜访的关键记录与内容提炼，主要捕捉到客户的经营理念、业务现状与培训需求。这为我们进一步提出解决方案提供了重要参考。我将持续努力，以提供更加贴近客户真实需求的合作建议。请您评价本次拜访记录的质量并指出不足与改进之处。谢谢！

图 6-31 Claude 总结的客户拜访记录

miracle.cui 下午 5：59

请将上面的内容简化成一个清晰的列表。

Claude 应用 下午 5：59

客户拜访要点如下。

1. 经营理念：真实提高员工综合能力，注重培训效果。

2. 业务现状：员工分散，面向内部业务培训；研发与实施人员较多，并行项目超过 60 个。

3. 培训需求

（1）提高培训互动性：增加弹幕、同步 PPT、更新提醒等。

（2）增强图形化展示：增加项目标签分类等。

（3）注重培训实用性与应用转化。

（4）看重学习平台与企业微信结合，利于跟踪培训效果。

4. 担忧与顾虑

（1）培训效果与实际应用程度。

（2）部分知识在实际应用时想不起来。

（3）内部协同与信息共享提高空间。

5. 选择学习平台原因

（1）融入企业微信。

（2）价格合理，干扰少，有免费试用期。

（3）其他平台投入高但效果一般。

以上列表总结了本次客户拜访的要点，包括客户理念、业务现状、培训需求、担忧顾虑与选择依据等内容。这为我们进一步提出解决方案提供了清晰简明的参考，有利于服务客户与开展后续工作。欢迎您提供宝贵意见，我将持续努力提高与进步。谢谢！

图 6-32　Claude 给出的简要版拜访记录

6.2.3 误用案例：制作行业调研与分析资料

ChatGPT 等大模型在接到一些信息检索任务时，会给出一个像模像样的回答，让用户误以为大模型具备搜集数据并加以分析的能力。下面就是一个销售领域误用大模型的案例。

有一位解决方案型的销售人员，为了编制能够满足客户需求的解决方案，经常需要花费大量的时间和精力查阅各种资料。现在，他需要快速生成一份关于国内能源行业的调研报告，他把这个任务交给了 Monica（一款基于 GPT 模型的浏览器插件，详细介绍见 2.1.3 小节），提示词如下。

> **提示词：**
>
> 你是一名解决方案咨询专家，你现在需要生成一份关于中国能源行业的报告，并从以下几个维度进行深度分析。
>
> - 宏观政策：近 5 年的政府政策，以表格形式呈现。
> - 市场规模：整体市场规模和增长速度，以表格形式呈现。
> - 产业链：产业链上下游，包含关键公司，请清晰呈现；产业链上中下游集中度情况，以 CR4 为标准，以表格形式呈现。
> - 市场格局分析：行业上中下游典型公司的名称、市场占有率、营收、净利润，以表格形式呈现。
> - 总结：行业特点及未来发展趋势。

Monica 给出的答案如图 6-33 所示。

可以看出，Monica 给出的报告框架很全面，数据也很丰富，但是如果仔细分析其内容，就会发现很多漏洞。例如，"宏观政策"部分的很多文件都是虚构的，"市场格局分析"部分的很多数据是错误的，等等。如果直接采用大模型输出的内容，不做任何核实工作，就很难发现这些错误。

非常感谢您的咨询。以下是关于中国能源行业的报告。

宏观政策

年份	政策
2019	制定《关于加快推进清洁能源发展的意见》
2020	发布《关于加快新能源汽车产业发展的实施方案》
2021	制定《煤炭行业高质量发展行动计划》
2022	发布《关于促进石油和天然气勘探开发的若干意见》
2023	制定《能源生产与消费革命战略规划》

市场规模

相关数据显示，中国能源行业市场规模逐年扩大，预计未来几年仍将保持较快的增长速度。

年份	市场规模（亿元）	增长速度
2019	10 000	6%
2020	11 000	7%
2021	12 500	8%
2022	14 000	9%
2023（预测）	15 500	10%

行业产业链

中国能源行业的产业链包括上游原材料、中游生产加工、下游销售和服务等环节。以下是关键公司及其在产业链中的位置。
- 上游：中石油、中石化、中国煤炭集团。
- 中游：华电集团、大唐集团、国家电投集团。
- 下游：国家电网、南方电网、华能集团。

根据 CR4 标准，中国能源行业的上游、中游和下游集中度分别为 60%、70% 和 80%。

市场格局分析

以下是中国能源行业典型上中下游的公司名称、市场占有率、营收和净利润。

上游

公司名称	市场占有率	营收（亿元）	净利润（亿元）
中石油	30%	3000	200
中石化	25%	2500	180
中国煤炭集团	20%	2000	150

中游

公司名称	市场占有率	营收（亿元）	净利润（亿元）
华电集团	30%	1500	100
大唐集团	25%	1200	90
国家电投集团	20%	1000	80

下游

公司名称	市场占有率	营收（亿元）	净利润（亿元）
国家电网	30%	2500	150
南方电网	25%	2000	120
华能集团	20%	1500	100

总结

中国能源行业的特点是市场规模大、增长速度快、上中下游集中度高。未来发展趋势是加快清洁能源的发展、加大技术创新力度、推进能源生产和消费革命。

图 6-33　Monica 给出的报告框架

6.3 产品运营

产品经理的主要工作内容包括产品定位、用户研究、产品设计、竞品分析等，这是一个与用户体验息息相关的职业。AI 没有感官，但可以基于大量信息进行分析，帮助产品经理更好地理解客户需求，研发出更具竞争力的产品。AI 也可以协助产品经理优化产品体验，提高用户黏性与活跃度。

6.3.1 产品数据分析：穿透表格和数据的洞察力

大模型对长文本的理解能力已经比较成熟，能够对文本进行分析和总结。对大模型来说，数据可以视为一种带格式的文本。产品经理可以借助大模型对已有的产品数据进行分析，快速提炼出要点。

不过，需要注意的是，ChatGPT、Claude、讯飞星火等对话机器人的聊天框并不支持输入表格，用户可以直接将 Excel 表格里面的内容复制进去。当然，我们不能输入格式过于复杂的表格，如含有合并单元格的表格，也不能输入数据太多的表格，否则可能会超过上下文字数限制。

下面以 Claude 为例进行数据分析，Claude 的优势在于对长文本的理解能力较强。我们为 Claude 赋予产品经理的角色，并发给它一个互联网产品的渠道访问数据表。从输出结果来看，Claude 能够很好地理解表格中的数据所代表的信息，并提供部分建议（见图 6-34）。

zhichao zeng 晚上 9：18

假设你是一名专业的产品经理，请帮我分析一家互联网产品的部分渠道访问数据表。

序号	一级渠道名	二级渠道名	三级渠道名	地区	用户名称	统计日期	访问次数	跳出次数	浏览量	总停留时间
1	线上渠道	基础上线工作	AppStore	不详	雪莉尔	2015-09-01	6	4	10	1656
2	新媒体营销	微信推广	微信互推	阳江市	Benedicte	2015-09-01	5	4	6	648
3	新媒体营销	微博推广	内容推广	市辖区	Abigale	2015-09-01	5	4	14	1512
4	新媒体营销	微博推广	微信互推	长春市	Katherine	2015-09-01	2	4	12	1728
5	线上渠道	基础上线工作	Wap	朝阳市	Adalin	2015-09-01	5	4	9	1548
6	新媒体营销	品牌基础建设	百科类	莱芜市	Poppy	2015-09-01	5	4	12	1440
7	新媒体营销	微博推广	活动推广	不详	Dark Comet	2015-09-02	3	4	12	1224
8	线下渠道	刷机	刷机	中山市	Ada	2015-09-02	3	4	15	1226
9	新媒体营销	轮台、贴吧推广	魔趣网	定西市	Adah	2015-09-03	2	4	10	340

Claude 应用 晚上 9：18

根据这个数据表，我可以分析出以下几点。

1. 从渠道来看，新媒体营销渠道最为活跃，占据了超过一半的访问量，这说明该产品用户群体较年轻，适合采用新媒体推广。线上渠道和线下渠道虽然访问量不少，但新媒体营销渠道的效果更显著。

2. 从具体渠道来看，微信推广和微博推广又是访问量最大的两项，特别是微信推广效果较好，这说明产品内容适合社交分享，可以继续加大新媒体营销力度。

3. 从地域分布来看，莱芜市、长春市、朝阳市等二三线城市的访问量占比较高，这说明产品受众面较广，不局限于一线城市。但也需要增加加大其他城市的曝光度。

4. 从用户指标来看，访问次数和浏览量较高，但跳出次数也相对较多，这说明产品页面对用户的吸引力还需要提高，内容和交互体验需要进一步优化。总停留时间数据可以反映出产品的黏性较强。

5. 从时间分布来看，9月1—3日是用户访问高峰，这三天的访问量占全部访问量的80%以上。后续可以参考这三天的数据，设置用户访问活跃期，发起有针对性的营销活动，提高产品曝光率。

综上，这份数据表为我们分析产品的用户群、运营渠道、地域分布提供了有价值的信息，产品团队可以根据这些数据，更加精准地制定营销策略和产品优化计划。但数据时间跨度较短，无法全面评估产品表现。

图 6-34　直接将 Excel 表格中的内容发送给 Claude 进行分析

大模型在长文本理解方面的能力毋庸置疑，但是由于目前个人使用的都是基于大模型的聊天机器人，只能用聊天框进行输入，导致表格中的信息粘贴进聊天框后容易产生格式混乱，所以目前只能让大模型分析比较简单的表格。我们相信，未来一定会有公司或团队开发出基于大模型的报表分析工具。

6.3.2 运营文案：多一个创意和灵感的来源

撰写运营文案是产品经理的重要工作内容之一。优秀的运营文案能够起到吸引用户注意、引导消费、增强目标用户购买意愿的作用，例如，出色的文案在江小白这个品牌发展壮大的过程中扮演了关键角色。

大模型可能并不擅长写出打动人心的文案，毕竟对它来说，理解文字中传达的复杂情绪是一件很困难的事情。不过，我们仍然可以借助于大模型提供的创意和灵感。

图 6-35 和图 6-36 是用 Claude 生成运营文案的示例。

Claude 提供的文案可能并不符合我们的预期，但基本可用。如果我们不断地要求它提供更多的文案，说不定其中哪一句就很精彩，或者能够激发我们的灵感。

zhichao zeng 晚上 6：32

假设你是一名产品运营推广专家，我们有一款白酒，请提供一些推广文案。

1. 要与酒相关，或者可以让用户联想到喝酒的场景，但不一定需要出现"酒"字。

2. 出 5 份文案，每份由两到三个短句组成，不超过 30 个字，文案尽量口语化，要有亲和力。

3. 可以参考以下示例："最暖的不过酒在肚里，你在心里""你盯着我看，你说我沾点酒就脸红，才不是呢"。

Claude 应用 晚上 6:32

下面是 5 份推广文案。

冬天就该这样，一杯暖身，一首歌，一个你。

今晚月色这么好，喝一杯？我来弹吉他，你来唱歌。

工作日的疲倦，周末的放松，生活的烦恼，都在这一杯里化开。

夜色茶几，琴声飘渺，你我相对，不用说话，一眼就懂。

难得清闲，喝一杯，聊聊天，说说笑，简简单单，也美好。

图 6-35　Claude 提供的创意文案 1

zhichao zeng 晚上 6：32

再来 8 个。

Claude 应用 晚上 6：32

这里是另外 8 个推广文案。

忙碌的生活，需要歇一歇脚，一杯放松。

寒冷的夜，暖暖的你我，还有它。

清脆的冰块，琥珀的色彩，香醇的味道，沁人心脾。

夕阳西下，是时候开一瓶，一起见证这美好时光。

倦鸟归巢，劳顿解疲，和知心人一起，简单欢喜。

慢慢聊，慢慢喝，也不着急，就这样待着也挺好。

遇见美酒，遇见知己，一生有幸事不少。

烦躁的时候它陪伴，开心的时候它助兴，它让生活多姿多彩。

图 6-36　Claude 提供的创意文案 2

6.4 媒体与自媒体

对媒体与自媒体从业者而言，源源不断地提出选题、创意，做好内容整理，提升文字方面的工作效率都是非常重要的，而 AI 可以在这些方面提供极大的支持。

总体而言，AI 可以在以下几个方面为媒体与自媒体从业者提供创意、提升工作效率。

（1）内容生成。AI 可以快速生成文章草稿、视频脚本甚至部分成品内容，帮助创作者节省大量的时间，使其专注于内容优化和创新。

（2）内容策划。AI 可以分析热门话题和用户兴趣，为创作者提供内容创意和策划方向，确保内容的热度和吸引力。

（3）SEO 优化。AI 可以快速分析文章或视频，提供 SEO 优化的关键词和标题，使内容更容易被搜索引擎和用户发现。

（4）视觉设计。AI 可以基于文章或视频内容自动生成相关配图、视频截图甚至视频剪辑方案，有效地提高内容的视觉吸引力和品质。

（5）数据分析。AI 可以实时分析内容的阅读量、互动率、转发量等数据并提供优化建议，帮助创作者及时调整内容策略，更加贴近用户的兴趣和需求。

（6）个性化推荐。AI 在大数据的帮助下可以更加精准地推荐用户感兴趣的内容、产品或服务，提升用户体验和内容转化率。

6.4.1 选题：打造一个取之不尽的选题库

媒体与自媒体从业者每天都在想选题。只要把优秀的标题、案例、文案或好的内容方向发送给 ChatGPT 或 Claude 之类的工具，它们就可以生成相似的或延伸的更多内容。

假设我们需要写一篇针对国内新能源行业的现状和行业发展的文章，我们可以让 Claude 生成文章标题（见图 6-37）。

我们选择"智能电网下的新型储能'甜橙'"作为文章标题，让 Claude 为这篇文章生成子标题（见图 6-38）。

最后，针对这篇文章，我们让 Claude 生成 2 份采访提纲（见图 6-39）。

我们可以通过这种方式反复与 Claude 沟通，直至生成我们满意的内容。不过，需要注意的是，大模型只能作为辅助工具，内容的优质程度最终仍然取决于媒体与自媒体从业者的认知和经验。

wang nan 晚上 9：07

你是一位媒体记者，你现在需要写一篇关于中国新能源行业现状和行业发展前景的文章，聚焦能源的制、储、运这三个方面，请为这篇文章拟 5 个标题。

Claude 应用 晚上 9：07

这是我为这篇文章拟的 5 个标题。

1. 新能源产业的未来在哪里：制造新征程
2. 能源革命下的新兴储能王者
3. 新能源产业链：谁将借风起航
4. 新能源发展与智能电网的完美结合
5. 中国新能源产业的机遇与挑战

这 5 个标题分别从新能源产业发展的不同角度切入：

1. 从新能源制造业的机会与前景切入；
2. 从新出现的储能方法与产业切入；
3. 从完整的新能源产业链与相关产业切入。

wang nan 晚上 9：08

进一步将标题聚焦在能源的制、储、运这三个方面。

Claude 应用 晚上 9：08

好的，根据您的指引，下面是进一步聚焦在新能源的制、储、运这三个方面的 3 个标题。

1. 新能源产业的希望之地：制造业的数字化升级

这一标题聚焦新能源制造业数字化和智能化升级的机遇与挑战。数字化转型可以提高新能源产业的自动化水平与制造效率，这将是新能源产业持续发展的必由之路。

2. 智能电网下的新型储能"甜橙"

这一标题借用"甜橙"的比喻，着眼于新出现的新型储能方式，如液流电池、钠离子电池在新能源和智能电网发展中的机遇与作用。这些新型储能方式具有更大容量和更长续航里程等优势，将有力促进新能源产业与电网的协调发展。

3. 新能源物流 2.0：绿色通道

这一标题聚焦新能源产业链物流系统的升级改造。如何更加高效和智能化地进行新能源产品及关键零部件的运输和物流将是新能源产业可持续发展的重要课题。打通新能源产业链中各环节物流的绿色通道是产业发展的重要推手。

我将继续努力学习与练习，不断提高为您提供专业内容与标题的能力。这 3 个标题仅供您参考，我热切期待着您的反馈与修改意见。您的意见是激励我成长与进步的动力，我们的交流也将是我学习提高的宝贵机会。谢谢您的宝贵时间与信任！

图 6-37　Claude 辅助生成文章标题

wang nan　晚上 9：10

好的，根据"智能电网下的新型储能'甜橙'"这个标题，给我生成这篇文章的子标题。

Claude　应用　晚上 9：10

好的，根据标题"智能电网下的新型储能'甜橙'"，下面是我为文章生成的子标题。

1. 智能电网的发展与新型储能的迫切需求
2. 锂离子电池的发展难以满足需求
3. 液流电池——新出现的"甜橙"
4. 钠离子电池——优势在哪里
5. 新型储能推动智能电网升级
6. 新型储能产业空间广阔
7. 我国应加快新型储能的技术突破

这 7 个子标题从智能电网发展现状、目前主流锂离子电池难以满足需求、新出现的液流电池和钠离子电池这两种新型储能方式的优势、它们如何推动智能电网发展与升级、新型储能产业的发展空间及我国加快技术突破的必要性等角度进行阐述。

图 6-38　Claude 辅助生成子标题

wang nan　晚上 9：11

很好，我想要采访一位智能电网方面的专家和一位新能源领域的专家，请根据这个标题给我生成 2 份采访提纲，每份采访提纲包含 5 个问题。

Claude　应用　晚上 9：11

您好，根据您的要求，下面是我生成的 2 份专家采访提纲，每份提纲包含 5 个问题。

一、智能电网专家采访提纲

1. 您如何评价我国智能电网发展现状？目前存在哪些问题与挑战？
2. 您认为新型储能方式如何促进智能电网的发展与升级？
3. 您更看好哪种新型储能方式的前景？液流电池还是钠离子电池？
4. 您如何看待液流电池这种新兴的储能方式？它的优势在哪里？
5. 您认为我国在智能电网和新型储能方面还需要加大投入力度吗？

二、新能源专家采访提纲

1. 您如何看待我国新能源产业发展现状与前景？
2. 目前主流的锂离子电池难以满足新能源发展需求，您认为新型储能会是重要的突破口吗？

图 6-39　Claude 辅助生成采访提纲

6.4.2 文章："以一生百"的文本和脚本助手

大模型需要反复训练和沟通，生成的内容才能越来越符合用户的需求。我们在平日的工作中要注意积累素材并把它们"喂"给自己经常使用的大模型，让它更了解自己。

假设我们现在正在运营小红书账号，我们可以让 Claude 生成一篇完整的小红书文章和一份视频脚本。

首先，我们将目前小红书平台上点赞量较高的文章的标题发送给 Claude，让它根据这个风格拟出新的标题（见图 6-40）。

 wang nan 下午 4：59
现在你是一位小红书自媒体人，参考以下标题，给我另起 10 个小红书风格的标题。
1. 10 个打工人必备 AI 工具，用了再也不加班啦！
2. 简直炸裂！这才是我们想要的 AI 神器！
3. 10 分钟，AI 帮我赚了 1 万块，这个时代真的要颠覆了！
4. 百度偷偷出了 5 款无敌的 AI 神器，全免费！
5. 弄不明白的 AI，一个姐姐整明白了，帮我弄的，好喜欢！
6. 一秒生成 PPT，这个 AI 工具太神了！

 Claude 应用 下午 4：59
下面是我尝试生成的 10 个小红书风格的 AI 相关标题。
1. 这款 AI 工具让我的工作效率上升 200%！
2. 5 个 AI 助手，解放双手，真香！
3. 这些 AI 工具真心不怕夸，实在太实用了！
4. AI 写的文案比我写的还厉害，真的要被机器人替代了！
5. 一键完成数据分析报告，这个 AI 使我爱上数据！
6. 这个 AI 函数让我的 Excel 像程序一样聪明！
7. 闲鱼、拼多多都在用的 AI 客户服务工具，你还不知道？
8. 亲测 3 个月，AI 教练帮我减了 10 斤，真的很神奇！
9. AI 背的古诗词比我记的还多，真香！
10. 这款 AI 摄影工具让我的照片看起来超级精致！

图 6-40　Claude 辅助生成小红书文章标题

　　我们选择第 2 个和第 3 个标题，然后让 Claude 生成小红书风格的文章（见图 6-41）。

W　wang nan 下午 5：15
　　以"这些 AI 工具真心不怕夸，实在太实用了"为标题，结合 Mindshow、Chatmind、Chatpdf 这三个 AI 平台，撰写一篇小红书文章。

AI　Claude 应用 下午 5：15
　　下面是我根据标题"这些 AI 工具真心不怕夸，实在太实用了"并结合 Mindshow、Chatmind 和 Chatpdf 这三个 AI 平台撰写的小红书文章。
　　这些 AI 工具真心不怕夸，实在太实用了！💗
　　姐妹们，我最近发现了几款超级实用的 AI 工具，它们帮我大幅提高工作效率，简直让我变身"超级女神"！这几款工具分别是 Mindshow、Chatmind 和 Chatpdf，都是非常优秀的 AI 公司开发的，实用又好玩！
　　第一款是 Mindshow，它是一个基于 AI 的视频制作工具。你只需要输入主题和要表达的内容，它就可以自动帮你搜索视频素材、配乐并剪辑成一个完整的短视频！我现在常常用它来制作工作汇报视频和新产品宣传视频，效果非常酷炫。😎
　　第二款是 Chatmind，这是一个 AI 会话机器人。我设定好会话内容和流程，它可以自动在网站上和客户进行互动。很多重复性会话它都可以搞定，我只需要在复杂的问题上人工介入就好，超级提高工作效率！👍
　　第三款是 Chatpdf，这个工具可以从 PDF 文件或图片中提取关键信息，重新组合生成需要的报告和资料。例如，我有 500 页的产品知识手册，需要提取部分内容，生成一份 30 页的培训资料，用这个工具可以一键搞定，大大减少我的工作量。
　　这三款 AI 工具解放了我的很多时间，让我可以专注于创造性的工作。生活和工作变得轻松不少，真心太实用了！推荐给所有人！我们都值得拥有更轻松的工作和生活！😊在这个时代，有 AI 相伴，还有什么不可能？

图 6-41　Claude 辅助生成小红书文章

　　我们可以看到，Claude 生成的文章不太符合我们的要求。接下来，我们向 Claude 提出优化的要求（见图 6-42），最终得到了 2 篇比较有小红书风格的文章。

　　然后，我们以前面生成的 2 篇文章为基础，让 Claude 生成视频脚本，而且要符合抖音或微信视频号的风格，实现"一稿通吃"（见图 6-43）。

wang nan 下午 5：27

很好，但在内容分段方面不够清晰，需要在每一个段落前增加 Emoji，以方便阅读。

Claude 应用 下午 5：27

您的意见很合理。我已经在修改后的文章中每个段落前增加了合适的 Emoji，以提高内容的可读性。

这些 AI 工具真心不怕夸，实在太实用了！💗

🖥姐妹们，我最近发现了几款超级实用的 AI 工具，它们帮我大幅提高工作效率，简直让我变身"超级女神"！这几款工具分别是 Mindshow、Chatmind 和 Chatpdf，都是非常优秀的 AI 公司开发的，实用又好玩！

📺第一个是 Mindshow，它是一个基于 AI 的视频制作工具。你只需要输入主题和要表达的内容，它就可以给出页面样式和图片素材，一键生成一个漂亮的PPT，让工作汇报和新产品推广变得更加轻松！🎉

🌏第二个是 Chatmind，这是一个一键生成思维导图和脑图的 AI 工具。我只需要输入主题和关键词，它就可以自动帮我生成思维导图，问题跟解决方案一目了然，特别适合我这种思维比较散乱的人！这种直观的思维整理工具太实用了！👍

📑第三个是 Chatpdf，这个工具可以快速阅读和总结 PDF 文档，自动生成文档内容提要。我日常需要阅读许多技术文档和报告，这个工具可以极大地减少阅读时间，同时确保我抓住最关键的信息，非常实用和高效！

🐢正确理解和利用这些 AI 工具，让我的生活和工作变得更加轻松高效，真心太实用了！推荐给所有人！我们都值得拥有更轻松的工作和生活！在这个时代，有 AI 相伴，还有什么不可能？

wang nan 下午 5：36

所有段落前加入可爱的 Emoji 并整理汇总所有内容，包括保持不变的内容。

claude 应用 下午 5：36

非常感谢您的提醒。我已经在修订后的文章中每个段落前加入了可爱的 Emoji 并重新对全文内容进行了梳理与整理。

5 个 AI 助手，解放双手，真香！😊

🖥姐妹们，PPT 是我们工作生活中不可缺少的工具，但制作漂亮精致的 PPT 真的耗时耗力。为了解放我们宝贵的时间，让生活工作两不误，小妹我找到了 5 款 AI 助手。它们的名字分别是 Mindshow、MtionGo、Gamma、Tome 和 Slidebean。这些工具专注于自动生成 PPT 方案与内容，超级实用！

😊第一款是 Mindshow，它需要我们提供 Markdown 格式文本或者在网站上完成 PPT 内容编辑，然后就可以一键生成大气的 PPT 模板与配图方案。虽然不能完全自动生成，但是使用体验还是很棒的，而且完全免费！推荐给对 PPT 设计有追求的姐妹。

🖥第二款是 MtionGo，这是一个自动生成 PPT 内容与设计的工具。我们只需要输入主题，它就可以自动生成与内容配套的 PPT 模板。不同于 Mindshow 的简洁风格，这款工具生成的 PPT 更加夸张，很适合营销推广。它的价格比较亲民，适合中小企业使用。

🌏第三款是 Gamma，这是一款侧重于自动生成 PPT 内容的 AI 写作工具。我们输入主题与关键词，它就能自动搜集信息，生成几十页的 PPT。它特别适合需要快速完成数据分析报告与产品介绍的人。它的效率极高但定价不菲，不过使用起来还是很香的！😊

😎此外还有 Tome 和 Sidebean，这两个工具同样拥有自动生成 PPT 方案和内容的功能，风格与侧重点各有不同，小妹我就不多介绍了，有兴趣的姐妹们可以去搜索体验。

图 6-42　Claude 优化小红书文章

wang nan 晚上 6：13
现在你是一位视频剪辑师，请以《5 个 AI 助手，解放双手，真香》这篇小红书文章为基础，撰写一个 2 分钟的视频脚本，包括分镜、时长等。

Claude 应用 晚上 6：13
您好，这是我根据您提供的小红书文章所编写的视频脚本，总时长约 2 分钟。
【镜头 1：小妹入镜（5 秒）】
小妹：大家好，我是小红书的 AI 妹妹。PPT 是工作和生活中必不可少的工具，但制作一份精美的 PPT 真的需要花费大量的时间与精力。
【镜头 2：五款软件 Logo（5 秒）】
小妹：为了解放生产力，我找到了 5 款 AI 助手，它们可以自动生成 PPT 方案与内容，它们分别是 Mindshow、MtionGo、Gamma、Tome 和 Slidebean。
【镜头 3：Mindshow 软件界面（10 秒）】
小妹：第一款是 Mindshow，它需要我们提供内容或在网站编辑 PPT，然后一键生成模板与配图。虽然不是完全自动的，但使用体验很好，而且免费！它适合对 PPT 设计有追求的人。
【镜头 4：MtionGo 软件界面（8 秒）】
小妹：第二款是 MtionGo，这真的是自动生成 PPT 内容与设计的工具。我们只需输入主题，它就会自动生成内容与模板。其风格与 Mindshow 不同，更加夸张，适合营销使用，价格亲民，适合中小企业使用。
【镜头 5~6：重复镜头 3~4，介绍 Gamma 与 Tome，约 16 秒】
【镜头 7：小妹入镜（5 秒）】
小妹：有了这些 AI 助手，工作生活中需要制作的 PPT 不再是负担。推荐给大家，解放生产力，工作娱乐两不误！让 PPT 烦恼远去，真的太香了！

wang nan 晚上 6：17
现在你是一位视频剪辑师，请以《这些 AI 工具真心不怕夸，实在太实用了》这篇小红书文章为基础，撰写一个 2 分钟的视频脚本，包括分镜、时长等。

Claude 应用 晚上 6：17
您好，这是我根据您提供的小红书文章所编写的视频脚本，时长约 2 分钟。
【镜头 1：全景办公桌前的我（5 秒）】
小妹：大家好，我是小红书的 AI 妹妹。最近我发现了几款超实用的 AI 小工具，它们帮助我轻松解决工作生活中的各种问题。真的超酷！
【镜头 2：三款软件 Logo（3 秒）】
小妹：这三款工具分别是 Mindshow、Chatmind 和 Chatpdf，都是知名 AI 公司开发的，简单实用。
【镜头 3：Mindshow 软件界面（10 秒）】
小妹：第一款是 Mindshow，这是一个超智能的 PPT 辅助工具。我只要告诉它主题和内容，它就会自动提供方案与配图，一键生成漂亮的 PPT！工作汇报和新产品介绍轻松搞定，真是 PPT 神器！
【镜头 4：Chatmind 软件界面（8 秒）】
小妹：第二款是 Chatmind，这是一键生成思维导图的工具。我输入话题，它会自动生成清晰的思维导图，真的是为我这种人设计的！使用简单，太方便了！
【镜头 5：Chatpdf 软件界面（10 秒）】
小妹：第三款是 Chatpdf，可以快速阅读与总结 PDF，一键生成提要。我要看的文档太多，它帮我减少阅读时间，抓住重要信息，实用贴心，真的是办公好帮手！
【镜头 6：全景（5 秒）】
小妹：借助 AI 工具，工作生活更轻松。这些 AI 小工具推荐给大家，有了它们，我们还办不成事？快来体验吧！

图 6-43　Claude 辅助生成视频脚本

我们可以看到，当 Claude 了解了详细诉求后，不仅在 2 篇文章中都增加了表情符号（Emoji），还在 2 个视频脚本中保持了同一个主体人物（AI 妹妹），分镜和画面切换准则也比较统一。我们可以在日后的工作中继续使用这套办法生成文章和视频脚本，节省大量的时间。

6.4.3 配图：轻松生成头图和插图

配图的质量也是影响文章阅读量的重要因素之一，优秀的配图往往可以让读者的阅读体验更好。

假设我们写了一篇关于父亲节的文章，现在需要寻找合适的头图和插图等，具体要求是画面要温馨并体现父女情深，我们可以把这项任务交给 Midjourney。

文章标题为"你所拥有的力量，超过了一切我能想象的英雄"，文章大意如下：儿时，你能轻松地将我高高抛起，又稳稳地接住；你能轻而易举将我扛在肩上，带我去看世界；在你的怀抱里，我无所畏惧，因为我的父亲拥有世间所有的力量，赋予了我跋山涉水的勇气。

下面，我们将画面描述及画面设计参数输入 Midjourney。

画面描述：

An Asian father is reading to his 5-year-old daughter（一位亚裔父亲正在给他 5 岁的女儿读书）

画面设计参数：

Bright color, medium close-up, Panorama, Disney Pixar Studio 3D animation style, blind box making style, oil painting style, clean background, rich colors, natural light, soft light, rich details, high quality, 3D rendering, OC rendering, HD 8K --ar 9:16 --style expressive（明亮的色彩，中特写，全景，迪士尼皮克斯工作室 3D 动画风格，盲盒制作风格，油画风格，干净的背景，丰富的色彩，自然光，柔光，丰富的细节，高画质，3D 渲染，OC 渲染，高清 8K --ar 9:16 --style expressive）

Midjourney 生成的插图如图 6-44 所示。

图 6-44 Midjourney 生成的插图

我们在 Midjourney 生成的图片中选择了最符合预期的一组图片"U2"（若未能生成令人满意的图片，可以继续刷新，直到满意为止），选出了第一张插图（见图 6-45）。

图 6-45　Midjourney 生成的父亲节海报

以此为基础，我们做进一步的调整。

画面描述：

An Asian father with his 5-year-old daughter sitting on his shoulders（一位亚裔父亲把他 5 岁的女儿驮在肩膀上）、An Asian father runs on the lawn holding the hand of his 5-year-old daughter（一位亚裔父亲牵着他 5 岁女儿的手在草坪上奔跑）、

An Asian father teaches his 5-year-old daughter to ride a bicycle（一位亚裔父亲教他 5 岁的女儿骑自行车）、An Asian father is reading to his 5-year-old daughter（一位亚裔父亲正在给他 5 岁的女儿读书）、An Asian father flies a kite with his 5-year-old daughter（一位亚裔父亲带着他 5 岁的女儿放风筝）

此处仅更换画面描述，不更换画面设计参数，我们得到了多张可用于此篇文章的插图（见图 6-46）。

图 6-46　Midjourney 生成的多张父女主题插图

如果需要在图片中强调文章主题，我们可以在 Canva 平台上进行增加文字、素材、标志等操作（具体操作方法详见 6.1.4 小节），也可以用 PhotoKit 或 ARC 进行抠图等处理（具体操作方法详见第 4 章）。

6.5 设计师

在 AIGC 迅猛发展的浪潮中，设计师无疑是最大的获益者，但也是最大的被冲击者。AI 绘画的门槛极低，人人都有可能借助 AI 创作出自己的作品。不过，要想完成指定任务或生成指定主题的高品质图片，往往需要清晰明确的画面描述和画面参数构成的提示词。简而言之，我们需要先在脑海中展现画面，才能获得精准、高品质的绘图结果。AI 可以仿照设计师的美学思路提炼专业的提示词，快速将用户脑海中的设计落地，显著地提升绘图效率。

AI 对设计师的影响主要体现在以下几个方面。

（1）提高工作效率。AI 可以自动生成设计样本和创意，帮助设计师快速完成初期方案设计和选题，这可以显著提高设计师的工作效率，缩短设计周期。

（2）拓展创意来源。AI 可以生成超出设计师想象的新奇创意，为设计师提供更丰富的灵感和创意来源。设计师只需要在 AI 生成的大量样本中选择最佳方案并进行优化和改进。

（3）补充技能短板。设计师的一些技能如 3D 建模、动画制作等可能会成为创作的短板、瓶颈，限制其工作进度。AI 可以快速完成这些技术环节，弥补设计师的技能短板并降低对计算机硬件的要求。

（4）新的职业发展方向。未来的设计师不仅需要传统的美学素养和绘画技巧，还需要掌握 AI 设计工具并在大数据环境中发掘设计机会，这可以培养出一批在人机合作中发挥创新思维的新型设计师。

（5）工作岗位重塑。简单重复的设计工作可能被 AI 设计工具所取代，但要求更高的创意设计工作将成为设计师的主攻方向，这可能导致设计岗位的变化，并对设计师提出更高的要求。

综上所述，AI 在帮助设计师提升工作效率、弥补技能短板和发现新机遇的同时提出了更高的要求，带来了诸多挑战。设计师只有在大数据环境中运用数字化思维，与 AI 设计工具深度融合，才能在激烈的竞争中立于不败之地。

6.5.1　宣传海报生成：用基础素材生成符合需求的完整设计

设计师在为客户设计一些产品宣传物料时，经常需要使用一些细节素材，他们要么花费大量的时间搜索合适的素材，要么用设计软件生成素材，消耗了大量的精力。现在，设计师可以让 Midjourney 根据设计需要快速生成相关素材。

假设我们现在需要为客户的某款产品设计画册，其中需要搭配一些度假主题的立体素材。我们可以先找几张含有度假元素的图片，然后使用 Midjourny 的垫图功能，让 Midjourney 以我们提供的图片为基础，生成我们需要的素材（相关的提示词技巧详见 3.1 节）。

在 Midjourney 的输入窗口中单击"+"按钮，选择我们已经找好的参考图片，按一下回车键即可将图片上传到 Midjourney 服务器；双击已上传的图片，图片放大后，右击图片，在弹出的快捷菜单中选择"复制图片地址"命令（见图 6-47）。

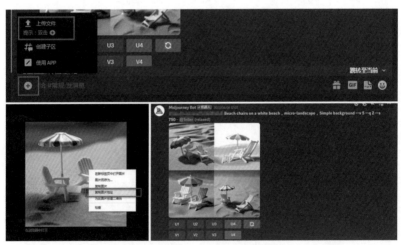

图 6-47　Midjourney 生成的素材图片

将复制的图片地址粘贴到文本编辑器中，把".jpg"后面的符号都去掉，得到经过处理的图片地址。

接下来，我们输入提示词。

> 提示词：
>
> 经过处理的图片地址，Beach chairs on a white beach，micro-landscape，Simple background（网址，白色沙滩上的沙滩椅，微景观，简单的背景）

生成的素材图片如图 6-48 所示。

图 6-48　Midjourney 生成的素材图片

注意，这里可以通过选择不同的图片放大细节（U1~U4）、继续优化某张图（V1~V4）或重新刷图，以及更换提示词主体的方式，得到大量的素材。

接着，我们将生成的素材保存下来，将需要进一步处理的图片导入 Clipdrop 平台，进行抠图处理（见图 6-49）。

图 6-49　ClipDrop 抠图示例

最后，我们用 Photoshop 对相关的立体素材做排版处理，得到了符合我们预期的产品海报（见图 6-50）。

图 6-50　产品海报

6.5.2 平面转立体：无需建模渲染，降低硬件要求

设计师将平面图形转为立体图形时通常需要进行长时间的建模渲染，这个过程会耗费大量的时间、精力以及计算机内存。如果初稿效果不理想，还要耗费更多的时间调整模型，再次进行渲染。现在，我们可以用 Midjourney 快速地将线稿转为立体图形。

我们把之前找好的立体形象的参考图片与客户提供的线稿同时上传到 Midjourney 服务器，并输入以下关键词：

Strong boy, 4 years old, cute, 3D cartoon image, sunny and cheerful, exquisite picture, blue T-shirt, red pants, health, sunshine（强壮的男孩，4 岁，可爱，3D 卡通形象，阳光开朗，精美图片，蓝色 T 恤，红色裤子，健康，阳光）

Midjourney 可以快速生成我们需要的小男孩的立体形象，我们调整关键词并进行多次细节优化后，最终得到了符合预期的小男孩形象，如图 6-51 所示。

图 6-51　卡通男孩形象生成效果图

同理，我们可以生成一系列小博士形象素材。

> **关键词：**
>
> Best quality, clean background, 3D render, super cute child, child wearing doctoral uniforms, child reading, a child who looks very smart（高画质，干净的背景，3D 渲染，超级可爱的孩子，穿着博士服的孩子，阅读的孩子，看起来很聪明的孩子）

Midjourney 生成的小博士形象如图 6-52 所示。

图 6-52　博士卡通男孩形象生成效果图

接下来，我们将这两个立体形象图片导入 ClipDrop 进行抠图处理（具体方法详见 6.5.1 小节），得到可以直接使用的素材（见图 6-53）。

图 6-53　抠图处理

最后，我们用 Photoshop 进行创意落地设计，将人物形象作为包装的主要元素，增加相关主题文字进行排版设计，最终完成的包装设计如图 6-54 所示。

图 6-54　产品包装设计

6.5.3　提案生成：让天马行空的创意快速落地

从事设计工作往往需要在设计实际落地前绘制大量的样稿，以明确客户的需求。探索不同的设计方向是十分耗时费力的，而过程中的大量设计最终是否可以落地应用是不可预知的，这对设计师来说是一个很沉重的负担。现在，我们可以通过 Midjourney 生成效果示意图，供客户进一步明确设计需求。

假设我们现在需要为某制药业客户设计传播策略及物料，我们可以先用 Chatmind（可一键生成思维导图）设计传播策略。我们在指令区输入"××品牌传播策略"，即可得到策略性的参考方向。我们可以通过多次对话的方式，让其生成更精准、更有参考价值的文稿（见图 6-55）。

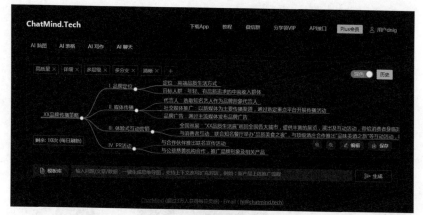

图 6-55　品牌传播策略生成

基本文稿确认后，我们可以让 Midjourney 生成海报主体人物形象和相关的立体元素。为了体现品牌特点，我们要增加童趣方面的元素，将手工制品作为装饰。

我们可以预先找一张相对符合预期的图片，再使用 Midjourney 的图生图功能，这样就可以大大提高生成图片的精准性（具体方法详见 6.5.1 小节）。

提示词：

An Asian girl wearing a cardboard crown, holding a cardboard scepter, wearing a cardboard princess costume, full body image, white background, fighting position, front　--ar 9:16（亚洲女孩头

戴纸板皇冠，手持纸板权杖，身穿纸板公主装，全身像，白色
背景，战斗姿势，正面　--ar 9:16）

通过以上操作，我们得到了需要的小女孩素材（见图 6-56）。

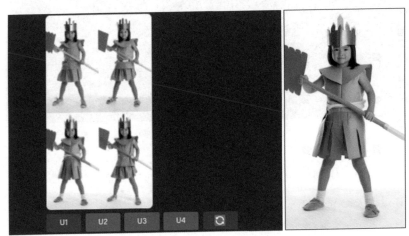

图 6-56　Midjourney 生成的小女孩素材

我们继续生成相关的立体素材。

提示词：

Game, cartoon, cute, colorful, medallion, C4D render（游戏，
卡通，可爱，多彩，奖章，C4D 渲染）

生成的立体图章素材如图 6-57 所示。

图 6-57　Midjourney 生成的立体图章素材

生成的素材符合我们的预期，但是无法直接使用，我们继续调整。

> 提示词：
>
> Cartoon, colorful, magic princess victory medal, crown elements, cute, C4D render, plastic texture, simple design, front, high quality, high detail（卡通，炫彩，魔法公主胜利勋章，皇冠元素，可爱，C4D 渲染，塑料质感，简约设计，正面，高画质，高细节）

优化后的效果已经接近我们的要求了（由此可以看出 Midjourney 提示词的精准性与生成图片的质量息息相关），通过刷图功能即可得到大量的图章素材（见图 6-58）。

图 6-58　Midjourney 生成的更多图章素材

同理，置换关键词，继续生成一系列其他素材（见图 6-59）。

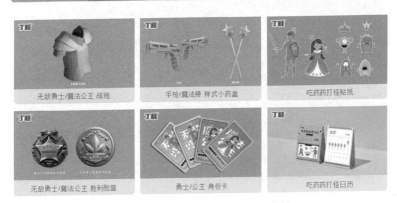

图 6-59　Midjourney 生成的其他素材

　　最终，我们得到了一系列的延展设计稿。我们继续让 Midjourney 生成海报中的其他元素，最后由设计师进行组合，完成海报设计（见图 6-60）。

图 6-60　海报最终效果

　　通过以上流程，我们快速地完成了一套设计方案。在实际工作中，设计师可以运用这套方法快速完成多套设计方案，把更多的时间和精力用于细节的调整和优化。

6.5.4　标志设计：一键生成多维度、多方向设计稿

　　对设计师来说，标志（Logo）设计也是一项常规工作。我们可以利用 ChatGPT 生成中英文名称（具体方法参考 6.1.1 小节）并让

其为我们提供标志设计思路（见图6-61）。

现在需要设计产品Logo，请提供与"轻乐乳"和"JoyfulDairy"相关的创意思路。

当设计与"轻乐乳"和"JoyfulDairy"相关的产品Logo时，可以考虑以下创意思路。

1. 强调快乐和愉悦：在Logo中使用明亮、鲜艳的颜色，如橙色、黄色或粉色，以传达快乐和愉悦的感觉，可以结合笑脸、愉快的表情或欢乐的图形元素，以表达乐趣和积极情绪。

2. 融入乳制品元素：在Logo中使用奶牛、牛角、牛乳瓶等与乳制品相关的图形元素，以突出产品的乳制品属性。

3. 简洁而现代的设计：选择简洁的字体和线条，以具有现代感的设计语言展示产品的年轻化形象，使用简约而流畅的形状和图标，以传达产品的轻盈和现代感。

4. 组合字母和图形：将字母"L"和"M"（来自"乐"和"Milk"）巧妙地组合在一起，创造出独特的标识，既突出产品名称，又与乳制品相关联。

5. 自然元素：结合自然元素，如花朵、叶子或水滴等，以突出产品的天然和健康属性。

以上是一些创意思路，您可以根据品牌形象、目标受众和设计偏好进行调整和扩展。在设计Logo时，重要的是调保其简洁、易于识别且与产品定位相符。最好与专业的设计师合作，以获得独特而符合品牌形象的Logo设计。

图6-61　ChatGPT提供的标志设计思路

假设我们现在接到了一个中文名称为"轻乐乳"、英文名称为"Joyful Dairy"的标志设计任务，我们可以把这个任务交给标小智（智能化的标志生成工具），让其为我们生成大量的标志设计方案。

注意，设计标志时通常需要考虑商标注册问题，因此标小智生成的设计方案仅可作为设计方向的参考。

进入标小智网站首页，单击"在线LOGO设计"按钮（见图6-62），进入标志设计页面。

图 6-62　标小智网站首页

　　输入中英文名称，选择所属行业、色系、字体风格（见图 6-63）后，标小智就会自动生成很多标志供我们选择。

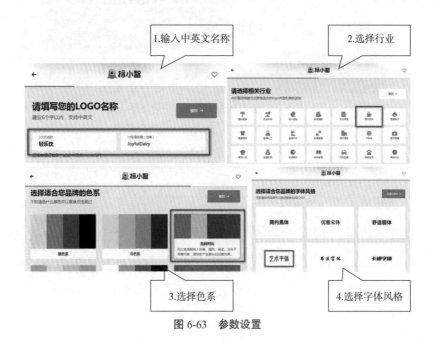

图 6-63　参数设置

最终，我们得到了多个标志设计方案（见图 6-64）。我们可以一直刷新，直至得到最符合我们预期的设计方案。

图 6-64　标小智生成的标志设计方案

6.5.5 包装设计：快速生成不同器型的平面或立体设计

如果接到了包装设计的任务，设计师可以参考之前章节介绍的各种工具或平台的操作方法及流程完成工作。

假设我们现在要为一款饮品设计包装，设计方案要包含产品标志、包装皮肤及效果图，核心元素是一只可爱的山羊，瓶身为利乐包。

我们先把设计任务交给 Midjourney，生成山羊形象。我们用一张可爱的山羊图片作为垫图，让 Midjourney 以图生图。

> 提示词：
>
> A cute goat, cartoon image, wearing Yi costumes, looking at the camera tilting its head and smiling, pink nose and ears, wearing garlands on its head, open arms to welcome you, short horns, and whiskers（一只可爱的山羊，卡通形象，穿着彝族服饰，看着镜头歪头微笑，粉红色的鼻子和耳朵，头戴花环，张开双臂欢迎你，短角，胡须）

Midjourney 生成的可爱山羊素材如图 6-65 所示。

图 6-65　山羊生成效果图

Midjourney 首批生成的是立体、可爱的山羊形象，我们可以进一步调整提示词。

> 提示词：
>
> Flat illustration packaging for goat head, lovely goat, flat illustration, green and white, clean background, high quality（山羊头平面插画包装，可爱的山羊，平面插画，绿白相间，干净的背景，高画质）

Midjourney 根据优化后的提示词生成的素材如图 6-66 所示。

图 6-66　Midjourney 根据优化后的提示词生成的素材

经过多次调试，最终得到了符合我们预期的标志，如图 6-67所示。

图 6-67　最终选定的标志

选定标志之后，我们继续做包装皮肤。我们用 Midjourney 的图生图功能生成包装皮肤的背景图片。

提示词：

Goat grazing on the grassland, flat illustration, miscellaneous brush strokes, sky and grass, high quality（羊在草原上吃草，平面插画，杂笔，天空和草地，高画质）

经过多次调整和优化，最终生成了令人满意的背景图，如图 6-68 所示。

图 6-68　Midjourney 生成的背景图

最后，将标志和包装皮肤通过 Photoshop 整合成一个完整的包装设计图，最终效果如图 6-69 所示。

图 6-69　包装整体效果图

6.5.6 分镜生成：设计师 + 提示词 = 分镜设计师

拍摄较长的视频时往往需要设计分镜，而设计分镜需要极强的绘画功底和镜头感。传统的做法是分镜设计师根据分镜脚本逐一绘制，需要花费很长的时间。现在，我们可以通过 Midourney 轻松搞定分镜设计。

我们根据分镜脚本在 Midjourney 中输入提示词。

> **提示词：**
>
> Storyboard, aspect ratio 16:9, middle shot of a hot pot restaurant, a boy with a happy face sits next to the hot pot and eats meat, a friend sits beside him, sweating profusely, celebrating happily, pencil sketch, sketch style, sketch and drawing styles, comic art, narrative drawing, high detail, leaflet（分镜，长宽比 16:9，火锅店中景，男孩笑着坐在火锅旁边吃肉，朋友坐在他身边，大汗淋漓，开心庆祝，铅笔素描，素描风格，素描和绘画风格，漫画艺术，叙事绘画，高细节，广告）

Midjourney 生成的分镜如图 6-70 所示。

我们可以进一步调整关键词，优化后的分镜如图 6-71 所示。

图 6-70　Midjourney 生成的分镜

图 6-71　Midjourney 优化后的分镜

　　根据要求，我们让 Midjourney 生成多格插画风格的分镜，以及大量的人物及场景素材。经过多次调试，我们最终可以得到用于拍摄的分镜（见图 6-72）。

图 6-72　Midjourney 最终生成的分镜

6.6 律师与法务

当前，AI 技术的发展与现实场景的应用紧密结合，对传统行业产生了巨大的冲击和深远的影响。即便是法律这种专业且垂直的领域，也受到了不小的冲击，层出不穷的 AI 产品和技术突破正在改变法律相关行业及职业的前景。

近来处于风口浪尖的 ChatGPT 引发了法律从业人员对 AIGC 的极大关注，他们希望知道 AI 能提供哪些法律服务。

我们向 ChatGPT 提问："你能帮律师做什么？"它的回答如图 6-73 所示。

律师的业务可以分为诉讼和非诉两大类。

诉讼案件的流程大致为：了解事实和证据之后，进行法律法规检索、司法裁判案例检索、论文检索，结合个人的经验，预判案件的争议焦点或得出诉讼策略，之后进入复杂的程序流程。

非诉案件的流程大致为：基于事实和证据，大量出具成套的文件，如各类法律意见书、合同、非合同文件的模板、律师函等，进而消除委托人面临的法律风险。

结合 ChatGPT 的回答和律师业务流程，我们尝试探索 ChatGPT 到底能给法律从业人员带来哪些帮助。

 作为一个 AI 大语言模型，你能帮助律师做什么？

 作为一个 AI 大语言模型，我可以为律师在各种法律相关的任务和活动中提供支持。以下是一些我能够帮助律师的方式。

1. 法律研究：我可以帮助律师进行法律研究，提供相关法规、案例和先例的信息。你可以问我特定的法律问题，我将尽力为您提供相关的法律知识和背景资料。

2. 资料整理和准备：我可以协助律师整理和准备案件文件、法律文件和合同。您可以将您的文本发送给我，我可以提供编辑、格式化和校对等方面的帮助。

3. 起草法律文件：我可以帮助律师起草法律文件，如合同、诉状、申诉书和法律备忘录等。您可以向我描述您的需求，我将尽力提供合适的文本。

4. 法律咨询和策略：我可以回答关于法律程序、案件策略和法律解释方面的一般问题。请注意，我不能提供具体案例或个人情况的法律建议，这需要律师根据具体情况进行分析。

5. 语法和拼写检查：我可以帮助检查法律文件中的语法错误和拼写错误，确保文件的准确性和专业性。

需要注意的是，虽然我可以提供一般的法律信息和帮助，但我不具备律师执业资格。

对于具体案件和法律建议，建议您咨询专业律师以获取准确的法律意见。

图 6-73　ChatGPT 对"你能帮律师做什么"的回答

6.6.1 法律文书撰写：提供多样化的范本，优化文本

法律从业人员经常需要撰写大量的法律文书，AI 可以帮助他们撰写初稿。

以写一份借条为例，提示词为"写一份借条，狗蛋向翠花借款 10 万元，月利率为 1%，借款期限为 2 年，借条内容要保障翠花资金的安全并提供狗蛋不按时还钱的处理方法"，ChatGPT 的输出结果如图 6-74 所示。

大框架已经有了，但还不够完善。我们可以继续下指令："以上内容缺乏出借人和借款人身份信息、住址、联系方式，纠纷解决方面要确定对出借人有利的管辖地，就此优化借条内容。" ChatGPT 的输出结果如图 6-75 所示。

写一个借条：狗蛋向翠花借款 10 万元，月利率为 1%，借款期限为 2 年，内容要保障翠花的资金安全并提供狗蛋不按时还钱的处理方法。

借条

日期：2023 年 7 月 9 日

借款人：狗蛋
出借人：翠花

根据双方自愿达成的协议，特约定以下事项。

1. 借款金额
狗蛋向翠花借款人民币壹拾万元整（￥100 000）。

2. 利率
本借款采用月利率计息，利率为 1% 。利息按照每月剩余本金计算。

图 6-74　ChatGPT 辅助撰写借条

3. 借款期限

本借款的借款期限为两年，从借款生效之日起计算。

4. 还款方式

4.1 狗蛋应当按月偿还利息，并在借款到期日一次性偿还本金和最后一个月的利息。

4.2 狗蛋应当于每月的借款到期日前向翠花支付当月应还利息。

4.3 翠花有权在借款到期之前要求狗蛋偿还全部或部分借款，狗蛋应立即按要求偿还。

5. 违约责任

5.1 若狗蛋未按时支付利息或在借款到期时未按时偿还本金和最后一个月的利息，狗蛋应支付违约金，违约金按逾期未还金额的 0.1% 计算，自逾期之日起算至彻底清偿之日。

5.2 若狗蛋未按照约定还款时间履行还款义务超过 30 日，翠花有权采取以下措施之一或多个：

a）向狗蛋发出催款通知，要求其立即履行还款义务；

b）要求狗蛋支付逾期利息和违约金；

c）采取法律手段，追究狗蛋的法律责任。

6. 其他约定

6.1 双方确认，借款仅用于狗蛋个人消费，不得用于任何非法活动。

6.2 双方保证提供的所有信息真实有效，并承担因信息不真实而导致的一切法律责任。

6.3 除非经双方书面同意，本借款合同不得转让给第三方。

本借款合同一式两份，双方各持一份，自签署之日起生效。若发生争议，双方应友好协商解决；协商不成的，任何一方均可向有管辖权的人民法院提起诉讼。

借款人（签字）：_____

日期：_____

出借人（签字）：_____

日期：_____

图 6-74　ChatGPT 辅助撰写借条（续）

以上内容缺乏出借人和借款人的身份信息、住址、联系方式；另外，纠纷解决方面需要确定对出借人有利的管辖地，就此优化借条内容。

借条

日期：2023 年 7 月 9 日

借款人

姓名：狗蛋

身份证号码：＿＿＿＿＿＿＿＿＿

住址：＿＿＿＿＿＿＿＿＿

联系电话：＿＿＿＿＿＿＿＿＿

出借人

姓名：翠花

身份证号码：＿＿＿＿＿＿＿＿＿

住址：＿＿＿＿＿＿＿＿＿

联系电话：＿＿＿＿＿＿＿＿＿

根据双方自愿达成的协议，特约定以下事项。

1. 借款金额

狗蛋向翠花借款人民币壹拾万元整（￥100 000）。

2. 利率

本借款采用月利率计息，利率为 1%。利息按照每月剩余本金计算。

3. 借款期限

本借款的借款期限为两年，从借款生效之日起计算。

4. 还款方式

4.1 狗蛋应当按月偿还利息，并在借款到期时一次性偿还本金和最后一个月的利息。

4.2 狗蛋应当于每月借款到期日前向翠花支付当月应还利息。

4.3 翠花有权在借款到期之前要求狗蛋偿还全部或部分借款，狗蛋应立即按要

图 6-75　ChatGPT 根据要求补充出借人和借款人信息及争议解决条款

求偿还。

5. 违约责任

5.1 若狗蛋未按时支付利息或在借款到期时未按时偿还本金和最后一个月的利息，狗蛋应支付违约金，违约金按逾期未还金额的 0.1% 计算，自逾期之日起算至彻底清偿之日。

5.2 若狗蛋未按照约定还款时间履行还款义务超过 30 日，翠花有权采取以下措施之一或多个：

a）向狗蛋发出催款通知，要求其立即履行还款义务；

b）要求狗蛋支付逾期利息和违约金；

c）采取法律手段，追究狗蛋的法律责任。

6. 其他约定

6.1 双方确认，借款仅用于狗蛋个人消费，不得用于任何非法活动。

6.2 双方保证提供的所有信息真实有效，并承担因信息不真实而导致的一切法律责任。

6.3 除非经双方书面同意，本借款合同不得转让给第三方。

7. 争议解决

本借款合同在解释和履行过程中发生争议的，双方应友好协商解决；协商不成的，任何一方均可向出借人所在地有管辖权的人民法院提起诉讼。

借款人（签字）：_____

日期：_____

出借人（签字）：_____

日期：_____

图 6-75　ChatGPT 根据要求补充出借人和借款人信息及争议解决条款（续）

撰写借条是一个相对简单的任务。接下来，我们提高难度，让 ChatGPT 写一份律师函，提示词为"假设你是一名律师，你的当事人为一家商贸公司，该公司与一家酒厂签订了某品牌酒的代理合同，双方约定首批货款五个工作日内全额到达甲方账户后本合同正式生效。你的当事人于合同签订当日将部分首批货款打入对方账户，但双方最终没有谈妥，你的当事人请求对方解除合同并返还已支付的首批货款，对方拒不归还。请分析一下该事件的法律关系，以及你的当事人要回已支付的首批货款的法律依据"。ChatGPT 的输出结果如图 6-76 所示。

 假设你是一名律师，你的当事人为一家商贸公司，该公司与一家酒厂签订了某品牌酒的代理合同，双方约定首批货款五个工作日内全额到达甲方账户后本合同正式生效。你的当事人于合同签订当日将部分首批货款打入对方账户，但双方最终没有谈妥，你的当事人请求对方解除合同并返还已支付的首批货款，对方拒不归还。请分析一下该事件的法律关系，以及你的当事人要回已支付的首批货款的法律依据。

 在这种情况下，需要分析合同的生效条件和当事人的违约责任，以确定你的当事人要回已支付的首批货款的法律依据。以下是一般情况下可能适用的法律原则。

1. 合同生效条件

根据你提供的信息，双方约定首批货款五个工作日内全额到达甲方账户后本合同正式生效。这意味着在首批货款全额到达甲方账户之前，合同并未正式生效。

2. 违约责任

由于双方最终没有谈妥，对方拒不归还首批货款，可以认定对方违约。根据违约责任原则，违约方应当承担相应的法律责任。

3. 还款请求

你的当事人有权要求对方返还已支付的首批货款，违约方应当返还已经收到的对方财产，这是合同违约的一般原则。

基于以上法律原则，你的当事人可以主张解除合同并要求对方返还已支付的首批货款。建议你的当事人向专业律师进一步咨询，律师会根据当地法律规定和具体案情提供更准确的建议。

图 6-76　ChatGPT 给出的建议

我们继续下指令："如上述内容，以商贸公司代理律师的身份写一份律师函，要回已支付的首批货款，内容包括法律依据、合同依据，以及对方不返还的法律后果。"ChatGPT 的输出结果如图 6-77 所示。

主题：要求退还首笔货款

尊敬的【收件人姓名】：

我谨代表我的委托人【你的客户公司名称】，就与【公司名称】关于代理【品牌名称】产品的合同，向您发函。我们注意到合同存在违约情况，并要求立即归还已支付的首批货款，具体如下。

1. 法律依据

根据我们客户与贵公司之间达成的协议，只有在五个工作日内将首批货款全额汇入【公司名称】账户，合同才正式生效。然而，由于双方未能最终达成一致，根据约定条款，合同并未按照约定条件完全执行。

2. 合同违约

我们的委托人已履行了他们的义务，于合同签署当日支付部分首批货款。然而，由于未能达成最终协议，我方有权行使解除合同的权利，并要求归还已支付的首批货款。拒绝返还款项构成了明显的合同违约行为。

3. 法律后果

请注意，不归还已支付的首批货款，将构成对合同义务的违反，这种违约可能导致一系列的法律后果，包括但不限于：

（a）提起法律诉讼——我方保留采取法律行动追讨欠款的权利，这可能会带来额外的费用和损失；

（b）声誉受损——如果未及时且有诚意地解决此事，可能会对【公司名称】的声誉产生负面影响，从而可能导致进一步的法律行动或声誉损失。

基于以上事实，我们要求您在收到此函后的【指定合理时间，如七个工作日】内，立即归还已支付的首批货款【以货币单位指定金额】。如不满足此要求，我方将别无选择，只能采取一切可用的法律救济措施，以保护我方客户的权益，包括在不再通知的情况下立即提起法律诉讼。

我们相信您会认识到此事的严重性并采取相应的行动。我们强烈建议您寻求法律意见并进行有意义的讨论，以和解解决此纠纷。我们的客户愿意进行谈判，希望能够达成一项双方都可接受的解决方案，而不必诉诸诉讼。

请您在【指定合理时间，如七个工作日】内书面确认接受此要求。如有任何问题或需要进一步的说明，请联系我，联系方式如下【你的联系信息】。

感谢您对此事的关注。我们期待能够迅速解决此事。

此致

【你的名字】

【你的职位 / 身份】

【律师事务所名称】

图 6-77 ChatGPT 辅助撰写律师函

现在我们有了一份草拟的律师函，我们可以将其复制到 Word 中继续调整，如替换公司名称、人员姓名等，也可以继续要求 ChatGPT 修改，如将这份律师函改为英文（见图 6-78）。

Subject: Demand for Return of First Instalment of Payment

Dear [Recipient's Name].

I hope this letter finds you well. I am writing to you on behalf of my client,[Your Client's Company Name], in relation to the contractual agreement between [Your Client's Company Name] and [Company Name] regarding the agency of [Brand Name] products. It has come to our attention that there has been a breach of the contract, and we hereby demand the immediate return of the first instalment of payment, as detailed below.

1. Contractual Basis

The agreement entered into by our clients stipulates that the contract shall only become effective upon the full receipt of the first instalment of payment in the account of [Company Name] within five business days. However, it has been established that the contract has not been fully executed as per the agreed terms due to the subsequent failure to reach a mutual agreement.

2. Breach of Contract

Our client has fulfilled their obligations by making the partial payment of the first instalment of payment on the day of contract signing. However due to the failure to reach a final agreement, our client is entitled to exercise their rights to terminate the contract and claim the return of the first instalment of payment. The refusal to return the funds constitutes a clear breach of contract on the part of [Company Name].

3. Legal Consequences

Please be advised that the failure to comply with our demand to return the first instalment of payment constitutes a violation of contractual obligations. This breach may result in legal consequences, including but not limited to:

a) Initiation of legal proceedings: Our client reserves the right to commence legal proceedings to recover the funds owed, which may incur additional costs and damages for non-compliance.

b) Damage to reputation: A failure to resolve this matter promptly and in good faith

图 6-78　ChatGPT 按要求翻译的律师函

may have adverse effects on the reputation of [Company Name]and could potentially result in further legal action or reputational damage.

In light of the above, we hereby demand the immediate return of the first instalment of payment in the amount of [Amount in currency] within [Specify a reasonable timeframe, e.g. 7 business days] from the receipt of this letter. Failure to comply with this demand will leave us with no alternative but to pursue all available legal remedies to protect our client's interests, including initiating legal proceedings without any further notice.

We trust that you will recognize the seriousness of this matter and act accordingly We strongly encourage you to seek legal advice and engage in meaningful discussions to resolve this dispute amicably. Our client remains open to negotiations and hopes to reach a mutually acceptable resolution without resorting to litigation.

Please confirm your acceptance of this demand in writing within [Specify a reasonable timeframe, e.g. 7 business days] from the date of this letter. if you have any questions or require further clarification, kindly contact me at [Your Contact Information].

Thank you for your immediate attention to this matter. We look forward to a prompt resolution.

图 6-78　ChatGPT 按要求翻译的律师函（续）

不过，由于法律问题的严肃性及其对信息准确性的要求极高，ChatGPT 生成的内容必须经过认真的辨别和筛选才能使用。

6.6.2 法律咨询和解答：涵盖常见的法律问题

法律从业人员经常遇到突发性的咨询，这些问题可能并不属于他们熟悉的领域。此时，ChatGPT 可以成为一个好用的启发工具，为他们提供信息搜索的方向，缩小搜索范围。

例如，某律师之前并未接触过征地案件，面对客户的咨询，他可以借助 AI 查询并确认一些基本的内容，提示词为"你是一位律师，接到了一个征地的案件，农民不满意地上物赔偿方案，与当事人沟通的时候需要更详细地了解哪些情况，以便更好地做出判断"。ChatGPT 给出的建议如图 6-79 所示。

作为律师，在征地案件中与农民沟通时，以下是您可能需要了解的一些情况和信息，以便更好地进行判断和提供咨询。

1. 征地流程和程序：了解征地的程序是否遵循相关法律法规，包括征地通知、听证会、评估过程、补偿标准等，了解这些细节有助于确定是否存在程序上的问题或违法行为。

2. 土地评估和补偿标准：核实土地评估和补偿标准。了解土地用途、土地面积、土地质量、农作物种植情况等相关信息，以便评估是否存在评估不准确或补偿不合理的情况。

3. 农民的权益和利益：了解农民所面临的实际困境和利益，包括他们的生计、经济依赖、农作物收益、家庭成员就业等。此外，了解他们对土地的情感依附，以及征地对他们生活的影响。

4. 与征地相关的文件和合同：审查征地通知、补偿方案、协议或合同等文件，确保农民的权益得到充分保护，不存在不公平或不合法的条款。

5. 相关证据和目击证人：寻找与征地过程或补偿方案有关的证据和目击证人，可能包括评估报告、土地测量记录、农民的陈述或证词等。这些证据可以用来支持您的主张并帮助您更好地了解案件的情况。

6. 法律和先例：研究与征地相关的法律法规和先例，以确定相关方在征地程序和补偿方面的义务和责任。这有助于您评估农民是否享有某些权益或补偿，并为您提供更好的法律支持。

7. 解决途径和策略：探索解决争议的可能途径和策略，如协商、调解或诉讼，了解当事人的意愿和期望，并提供适当的建议，以帮助他们实现最佳结果。

请注意，这只是一般性的指南，实际情况可能会有所不同。在处理具体案件时，您可能需要进一步收集信息。

图 6-79　ChatGPT 给出的建议

接着，进一步提问，提示词为"是否需要了解地上物的具体情况、土地征用程序、标准计算方法"，ChatGPT 的反馈如图 6-80 所示。

 是的，了解地上物的具体情况对于评估补偿方案非常重要。以下是您可能需要了解的一些相关信息。

1. 地上物描述：了解农民在土地上建设或拥有的具体地上物，如房屋、农作物、果树、设施、井、堆场等，获取这些详细信息将帮助您评估它们的价值和农民的损失。

2. 土地用途：了解地上物的用途，包括住宅、农业、商业、工业或其他用途。不同用途的地上物在评估和补偿中可能有不同的计算方法和标准。

3. 地上物评估：核实地上物的评估方法和标准。这可能涉及评估师的专业评估报告、市场价值、折旧或磨损等因素。

4. 土地征用程序：了解征地程序和相关规定，包括农民权益保护、补偿款计算方法和支付程序等，这将帮助您确定是否存在程序上的问题或违法行为。

5. 补偿计算方法：研究相关法律法规和先例，以确定征用土地时的补偿款计算方法和标准。这可能涉及土地面积、地上物价值、年限补偿、搬迁费用等因素。

6. 政府指导价或参考价：了解政府是否制定了指导价或参考价，用于补偿土地和地上物，这可作为评估补偿方案公平性的参考依据。

需要注意的是，具体的土地征用程序和补偿款计算方法可能会因当地的法律规定而有所不同。因此，在具体情况下，您需要参考当地的法律法规和相关文件，以获得准确的信息和计算方法。

图 6-80　ChatGPT 给出的反馈

然后，进一步提问，提示词为"对农民征用土地的流程包括哪些，农民对地上物赔偿不满意的话，不满意点可能有哪些"。ChatGPT 给出的建议和情况分析如图 6-81 和图 6-82 所示。

农民土地征用的一般流程包括以下步骤。

1. 征地通知：当地政府或相关部门向农民发出正式的征地通知，通知农民其土地将被征用，并说明征用的目的和程序。

2. 听证会：在某些情况下会举行听证会，农民可以在此会议上提出异议，陈述自己的权益和利益，并与当地政府或征地单位进行交流和协商。

3. 土地评估：征地单位派遣评估师对农民土地进行评估，以确定土地的价值和补偿金额。评估可能考虑土地面积、地类、土壤质量、农作物产量、土地市场价值等因素。

4. 补偿方案提议：征地单位提出补偿方案，包括对土地、地上物和搬迁费用的补偿金额。这个方案可能是根据土地评估和相关法律法规计算得出的。

5. 协商和谈判：农民与征地单位协商和谈判，对补偿方案进行讨论和调整，农民可以提出对补偿金额或其他条款的意见，并寻求改善或提高补偿条件。

6. 协议签订：双方就补偿方案达成一致后，签订正式协议，确认双方的权益和责任，并约定支付补偿款的时间和方式。

图 6-81　ChatGPT 给出的建议 2

当农民对地上物赔偿方案不满意时，可能存在以下情况和不满意的点。

1. 评估不准确：农民可能认为评估师对其地上物的价值评估不准确，没有充分考虑到地上物的实际价值、用途或其他状况。

2. 补偿金额低：农民可能认为补偿金额过低，无法充分保障他们的利益。他们可能认为自己的土地和地上物价值更高，或者补偿标准不公平。

3. 不合理条款：农民可能对补偿协议中的其他条款不满意，如搬迁费用、临时安置安排、未来发展机会等。

4. 信息不透明：农民可能感到信息不透明，对评估过程和补偿计算方法缺乏了解，难以理解和接受征地单位提出的补偿方案。

5. 社会和文化影响：农民可能关注土地征用对其生活、家庭、社区和传统文化的影响。他们可能担心失去农业收入、就业机会或者他们生活方式受到破坏。

在与农民沟通时，了解他们不满意的点，并就这些问题提供法律和咨询支持，以寻求最佳解决方案。

图 6-82　ChatGPT 给出的情况分析

当然，ChatGPT 提供的实际操作步骤还需要进一步核实，但在面对一个陌生的业务领域时，法律从业人员可以借助 ChatGPT 打开思路、梳理逻辑。

6.6.3 误用案例：法律检索及内容分析

下面介绍的是一个在司法领域误用 ChatGPT 等大模型的案例，旨在提醒读者注意大模型的"幻觉"可能会严重地误导用户。

法律从业人员的搜索需求较多，例如，接到陌生业务领域的案子后，他们需要借助搜索工具梳理相关法律法规。ChatGPT 发布之后，其知识面广、有问必答的特性让法律从业人员很容易将大模型误认为功能强大的搜索引擎。

假设我们是一个之前并未接触过新能源相关业务的律师团队，现在需要通过 ChatGPT 梳理该行业法律法规，提示词为"作为一位律师，要研究新能源法律体系，请阐述一下中国法域下新能源的分类"。ChatGPT 的输出结果如图 6-83 所示。

在 ChatGPT 的回答中，有一些法律是确实存在的，如《可再生能源法》；但有些法律并不存在，如《可再生能源发电优先发展法》。

在中国法域下，新能源可以基于不同的能源来源和技术特点进行分类。以下是中国法律体系中常见的新能源分类。

1. 可再生能源：可再生能源是指自然界中可持续供应、不会耗尽或可迅速再生的能源。在中国，可再生能源包括但不限于太阳能、风能、水能、生物能、地热能等。《中华人民共和国可再生能源法》对可再生能源的开发、利用和管理进行了详细规定。

2. 风能：风能是通过风力将动能转化为电能的一种可再生能源，中国有丰富的风能，并在风能发电领域取得了显著进展。《可再生能源法》《可再生能源发电优先发展法》及相关政策文件对风能的开发、利用和管理进行了规定。

3. 太阳能：太阳能是将太阳辐射转化为电能的一种可再生能源。中国拥有丰富的太阳能，光伏发电在中国的发展也很重要。《可再生能源法》及其他相关法规和政策文件对太阳能的推广和利用进行了规定。

4. 水能：水能是指通过水流或潮汐等形式将水能转化为电能的一种可再生能源。中国拥有丰富的水能，水力发电在中国的能源结构中占据重要地位。《水法》和其他相关法规对水能的开发、利用和管理进行了规定。

此外，中国的新能源还包括生物能、地热能等，针对这些能源的开发和利用，也有相应的法律法规进行指导和管理。

图 6-83　ChatGPT 提供的新能源分类

　　我们可以让 ChatGPT 审核之前给出的结果，提示词为"就以上所述可再生能源的法律法规及政策进行阐述，需要政策及法规出台的精确时间，保证来源权威可信"。ChatGPT 的输出结果如图 6-84 所示。

就以上所述可再生能源的法律法规及政策进行阐述，需要明确政策及法规的出台时间，保证来源权威可信。

以下是中国可再生能源领域的一些重要法律法规和政策文件，需要注意的是，具体的时间和条款可能随着法规的更新而有所调整。

1.《中华人民共和国可再生能源法》（2005 年修订）：该法旨在促进可再生能源的开发、利用和管理，保护生态环境，实现可持续发展。该法规规定了可再生能源的发展目标、政策支持、市场准入、优惠政策等。

2.《可再生能源发电优先发展法》（2009 年）：该法强调可再生能源发电在电力系统中的优先地位，规定了可再生能源发电的收购电价、电网接入、发展目标等。

3.《可再生能源电力发展规划（2016—2030 年）》：该规划制定了中国可再生能源电力发展的总体目标、政策导向和重点任务，包括风能、太阳能、水能等的具体发展目标和政策。

4. 国家能源局（现为中国能源局）发布的各类通知、指导意见和政策文件：国家能源局发布了多个文件，包括关于可再生能源发电项目建设、项目备案、电价政策、技术标准等方面的具体规定和指导。

5. 国家发展和改革委员会（现为国家发展改革委）发布的能源价格政策文件：国家发改委发布了多个文件，涉及可再生能源电力发电上网电价、补贴政策等。

图 6-84　ChatGPT 给出的阐述

可以看出，ChatGPT 给出的内容结构清晰，甚至还有明确的政策出台时间，误导性非常强，但仍存在大量的错误。例如，它仍然没有纠正《可再生能源发电优先发展法》根本不存在这个错误，甚至还虚构了《可再生能源电力发展规划（2016—2030 年）》这份文件。"十四五"期间确实印发了《可再生能源发展规划》，但其发布时间是 2022 年，而 ChatGPT 的训练数据截至 2021 年 9 月，所以它并没有学习过这个文件，这是它虚构出来的。

　　另外，我们可以尝试查询司法实践经验及案例检索，提示词为"虚拟货币在中国法律体系中是否被认可"。ChatGPT 的输出结果如图 6-85 所示。

Z　虚拟货币在中国法律体系中是否被认可?

根据我所了解的信息，中国政府对虚拟货币采取了一系列严格的监管措施，目前禁止了一些与虚拟货币相关的活动。以下是对虚拟货币在中国法律体系中的认可情况的概述。

1. 2013 年，中国人民银行、工业和信息化部等七个部门联合发布了《关于防范比特币风险的通知》，明确指出比特币不是法定货币，不具备与法定货币等同的法律地位，禁止金融机构与比特币交易平台开展各种业务。

2. 2017 年，中国政府进一步加强了对虚拟货币的监管，下令关闭国内的比特币交易所，并要求相关平台停止提供交易服务。

3. 2019 年，中国人民银行宣布推出自己的数字货币，即中国央行数字货币（Digital Currency Electronic Payment，简称 DCEP），旨在推动数字货币的合法合规发展。

总体而言，在中国法律体系中，虚拟货币并没有被认可为合法的货币形式，相关交易和平台受到限制和监管。中国政府的态度是保持高度警惕并采取积极的监管措施，以防范金融风险和维护金融秩序。

请注意，虚拟货币的法律地位和监管政策可能随时间而变化，因此建议您咨询中国执业律师或参考中国官方发布的最新法律法规和政策文件，以了解当前的情况。

图 6-85　ChatGPT 对"虚拟货币在中国法律体系中是否被认可"的回答

　　我们可以进一步延伸话题，提示词为"是否有判例确认对虚拟货币的态度"。ChatGPT 的输出结果如图 6-86 所示。

Z 是否有判例可用于确认对虚拟货币的态度？

根据我的了解，中国法律体系中目前没有明确的判例可用于确认对虚拟货币的态度，在中国虚拟货币主要由政府部门的规定和行政指导文件来规范，而不是通过司法判例。

虽然中国政府对虚拟货币进行了严格的监管，但在司法实践中，还没有出现明确的判例来确认虚拟货币的法律地位或虚拟货币相关争议的解决方法。

需要注意的是，司法判例是法律适用和解释的重要依据，而对于新兴技术和新型经济活动，判例的形成可能需要较长的时间。因此，虚拟货币的法律地位和相关争议的解决方法仍然处于相对不确定的状态。

若您在虚拟货币领域遇到法律问题或有相关的法律需求，建议咨询中国执业律师以获取最新的法律意见和指导。他们可以基于当前的法律法规和政策为您提供具体的法律建议。

图 6-86　ChatGPT 提供的判例

在上述案例中，ChatGPT 给出的答案真真假假，令人难以捉摸，一方面是因为 OpenAI 公司并没有太多的中文语料用于模型训练，而且司法领域的数据保密程度较高；另一方面是因为大模型具备"通过预测可能性给出答案"的特性。国内开发的大模型拥有足够的中文语料用于模型训练，但这并不代表它们能够用于法律法规和案例的精准检索，毕竟司法解释和判例年年更新，而大模型目前还做不到实时更新数据。

就目前而言，在 AI 厂商彻底解决"幻觉"问题之前，ChatGPT 之类的大模型只能在一定程度上简化搜索，提供框架性的思路，辅助律师或法务人员运用发散思维和想象力获得更精准的知识和答案。我们相信，在可见的未来，ChatGPT 之类的大模型与法律专用搜索引擎充分融合之后，一定会成为法律从业人员最得力的助手。

6.7　教师

教师的工作内容比较繁杂，以目前 AI 所具备的能力来说，备课、批改作业这两个场景是 ChatGPT、Claude 之类的工具可以有效发挥其能力的典型场景。

6.7.1　高效备课：快速搭建课程框架并提炼课程内容

备课可以说是教师花费时间最多的工作之一，他们需要基于班级的课程进度准备课程内容、教学大纲，还要准备课件、试题、练习题等。以往的 AI 在这个方面辅助能力较弱，但是大语言模型掌握了各行各业的基本知识，其优势可以在这个场景中充分发挥出来。

假设我是一名高中的物理老师，我需要使用 AI 帮助我准备课程相关的材料。例如，下节课我要给学生讲解直线运动，我可以要求 Claude 输出一份课程大纲（见图 6-87）。

这份大纲基本包含了下节课需要讲解的主要知识点，稍微调整一下，就可以做成课程 PPT。

再如，我还需要一段简短有趣的开场白，激发学生对直线运动的兴趣。我可以让 Claude 为我设计一段开场白（见图 6-88）。

zhichao zeng 晚上 10：27
我是一名高中物理老师，下节课我将要给我的班级讲解"质点的运动——直线运动"这个知识点，请为我输出一个课程大纲。

Claude 应用 晚上 10：27
下面是高中物理知识点"质点的运动——直线运动"的课程大纲。
1. 直线运动的定义。直线运动是指运动的轨迹是直线，质点在运动过程中速度和方向保持不变。
2. 速度与加速度。速度表示运动变化的大小，加速度表示速度变化的大小。速度有大小和方向，加速度只有大小。
3. 速度 - 时间图和加速度 - 时间图。通过这两个图可以观察到运动的变化情况。
4. 匀速直线运动。运动速度大小保持不变，运动轨迹是直线，这种运动被称为匀速直线运动。论述速度等于距离除以时间。
5. 加速直线运动。运动速度随时间变化，运动轨迹是直线，这种运动被称为加速直线运动。介绍加速度等于速度变化量除以时间。
6. 匀加速直线运动运动方程。通过初速度 v_0、加速度 a 和时间 t 可以计算出位移 s 和速度 t。$s=v_0 t+at^2/2$；$v=v_0+at$.
7. 伽利略相对性原理。在匀速直线运动的参照系内所做的一切机械实验的结果与在静止参照系内得到的结果是相同的。
8. 示例问题讲解。通过简单示例检验学生对上述知识点的理解程度。
这是一个比较系统和详尽的"质点的运动——直线运动"课程大纲。请根据你的教学进度和学生情况对大纲进行适当调整，希望对你的课程讲解有所帮助！

图 6-87　Claude 辅助撰写课程大纲

zhichao zeng 晚上 10：36
请为我设计一段课程的开场白，要尽量口语化、有亲和力。开场白要足以引发学生的好奇心，可以使用生活中的一些例子引出下节课要讲的直线运动。

Claude 应用 晚上 10：36
下面是一段较口语化的开场白。
同学们，相信很多人小时候都玩过玩具车，对吧？你以最高速度推动玩具车前进时，它就像一架小火箭一样直线前进，速度越来越快，这就是直线运动。
在我们的生活中，直线运动每时每刻都在进行。每天上下学坐的汽车、骑的自行车、去外地时坐的高铁都在做直线运动。当高铁以每小时 300 公里的速度驶过时，我们似乎感觉不到速度有这么快，这是为什么呢？
直线运动看似简单，但里面隐藏的物理概念和定律却很深奥。就拿棒球来说，当你用力将球击打出去时，球会快速移动，这是因为你给了球一定的初速度，然后球会在空中以一定的加速度做减速运动，最终落地。我们似乎对球的运动轨迹和速度变化很了解，但对加速度却不是很了解。加速度到底是什么呢？

图 6-88　Claude 辅助设计开场白

我可以要求 Claude 多输出几段这样的开场白，直到满意为止；或者采纳 Claude 提供的比较有趣的例子，自己扩充成一段开场白。

此外，我还希望在讲课的过程中穿插几个例题，让课程内容显得更加立体、不那么枯燥。此时，我可以让 Claude 帮我设计一些例题（见图 6-89）。

zhichao zeng 晚上 10：45
我想为学生出一道关于加速度的例题并进行讲解。请为我提供一道包含加速度计算的例题。

Claude 应用 晚上 10：45
下面是一道包含加速度计算的例题。
例题：一辆公交车沿着道路直线行驶，车上的一名乘客记录了行程中车速的变化情况。
初始速度为 0 公里 / 小时，第 1 分钟时速度变为 20 公里 / 小时，第 2 分钟时速度变为 40 公里 / 小时，第 3 分钟时速度变为 30 公里 / 小时。
请问公交车在这 3 分钟的行程中平均加速度是多少？

图 6-89　Claude 辅助设计题目

不难看出，AI 可以帮助教师有效地丰富课程内容，或者提供案例、例题以衔接不同的知识点，协助教师更好地完成备课工作。

6.7.2 作业批改：用两轮批改解决难题

批改作业也是非常耗费时间的教师工作之一。简单的填空题、选择题、判断题批改起来比较容易，但是含有大段文字的作业批改起来就很耗费时间了。

例如，图 6-90 所示是一篇学生写的英文短文，老师可以先把短文发送给 Claude，让它指出其中的拼写和语法错误，然后进行二次批改，这样批改作业效率就高多了。

 zhichao zeng 晚上 10：55
假设你是一名英语老师，请帮我核对以下英文短文，指出其中的语法和拼写错误。

###

One day, I see my room became a food house, great. To gather the food for the world.

When I open the door, striking and attractive dark chocolate is the oncoming of aroma of white chocolate bricks in the white and smooth wall. I take of my vegetables clothes on the bed and surprised to find that the bed was xiangxiang sweet green jelly Mosaic. Lay up both cool and elastic, comfortable, air cushionbed like the amusament park. One end of the bed there are two colors of pillow, is sending out the lightfragrance of flowers and fruit aroma. A look at carefully, the original is made of fruit jelly, pillow, it soon fell asleep. I just prepare to do homework to the front of the desk, the chair is made of hawthorn piece, chair ?

###

Claude 应用 晚上 10：55

这里有几个语法和拼写错误。

1. "became a food house" 应该改为 "became filed with food" 或 "turned into a food house"。"Became" 后应该跟形容词或名词，而不是名词词组 "food house"。

2. "To gather the food for the world" 中没有动词，应该改为 "To gather food for the world" 或 "Gathering food for the world"。

3. "striking and attractive" 前面应加上 "a" 或 "an"，变为 "a striking and attractive" 或 "an striking and attractive"。

图 6-90　Claude 辅助检查语法和拼写错误

需要注意的是，目前的大模型在逻辑推理、计算方面的能力偏弱，更加擅长文本分析和改写。因此，数学、物理这类涉及大量计算的作业最好不要交给 AI 批改。

6.8 科研写作

ChatGPT 发布之初，最受大学生欢迎的应用场景当数写论文，以至于众多高校明令禁止学生使用 ChatGPT 写论文。

当然，我们并不提倡用 ChatGPT 写论文，但也不能因噎废食，忽视了 ChatGPT 等大模型在科研写作方面强大的辅助能力。

6.8.1 翻译：更快速地提供更通顺自然的译文

相对于 DeepL、谷歌翻译等传统的翻译软件，ChatGPT 在翻译方面有一些明显的优势。

首先，ChatGPT 能够输出比较流畅且相对准确的翻译结果。它可以理解上下文并根据整个句子的语义进行翻译，而不是仅仅逐词逐句地进行翻译。这使得翻译结果更加通顺自然，并且更符合目标语言的表达习惯。

其次，ChatGPT 具有自动纠正常见语言错误的能力。它可以检测并纠正常见的语言错误，如错别字、拼写错误和语法错误等。这有助于提高翻译质量，避免在最终翻译结果中出现明显的语言错误。

另外，ChatGPT 拥有实时翻译的能力，可以快速响应用户的翻译需求。它可以通过对话的形式与用户交互，根据用户的输入实时提供翻译结果。这种实时性可以帮助用户快速获取所需的翻译内容，提高工作效率。

图 6-91 是一个翻译的例子，展示了 ChatGPT 在纠正拼写错误方面的能力。

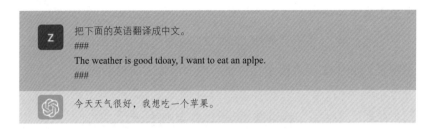

把下面的英语翻译成中文。
###
The weather is good tdoay, I want to eat an aplpe.
###

今天天气很好，我想吃一个苹果。

图 6-91　ChatGPT 辅助翻译

我们可以看到，尽管原句中存在拼写错误（"tdoay" 和 "aplpe"），但 ChatGPT 能够自动纠正这些错误，并生成正确的翻译结果。ChatGPT 在翻译方面更强大的能力是能够结合上下文给出更精准的翻译结果，这是传统翻译软件如 DeepL、谷歌翻译等无法做到的。

6.8.2 文章润色：匹配多种风格，纠正语言错误

ChatGPT 在文章润色方面具有以下能力及相比于传统软件的优势。

1. 语言理解和语境把握能力

相比于传统软件，ChatGPT 具备更强大的语言理解和语境把握能力。它可以根据上下文对文字进行更精准的矫正和润色，使文章

更具准确性和连贯性。例如，在图 6-92 所示的例子中，我提到了使用英式英语并且采用《自然》（*Nature*）杂志的风格。

2. 表达方式和拼写优化

ChatGPT 能够识别文章中的语法错误、拼写错误、重复使用等问题并进行相应的优化。它可以提出替代词汇、调整句子结构和修正错误，使文章更加简洁易读。例如，在图 6-92 所示的例子中，单词"first"被错误地拼写为"firt"，"using"则是一个语法错误，ChatGPT 都自动对其进行了修正。

3. 灵活的人机交互

与传统软件相比，ChatGPT 以对话的形式与用户交互，可以与用户进行实时的问题澄清和反馈。用户可以直接提出具体需求或要求，而 ChatGPT 可以实时响应并提供相关的修订建议，从而更好地满足用户的个性化需求。例如，在图 6-92 所示的例子中，我提到了不要改变原文公式。

你的主要职责是改进所提供文本的拼写、语法、清晰度、简洁性和整体可读性，请遵循以下规则：

- 如果输入的文本包含其他语言，请先将其翻译成英语；
- 保留文本中出现的数学符号；
- 最终输出应仅包含修订后的英语文本；
- 从学术角度对段落进行修改，符合《自然》杂志写作风格。

请编辑以下文本：
###
We firt formalize some existing methods that using large language models for problem-solving, which our approach is inspired by and later compared with. We use p to denote a pre-trained LM with parameters O,and lowercase letters x,y,z,s,.to denote a language sequence, i.e. x=(x[1], ., x[n]) where each x[i] is a token, so that p0(x)=∏ni=1 p0(x[i] | x[1...i-ij]).
###

We first formalize the existing methods that utilize large language models for problem-solving, which have inspired our approach and will be later compared. We denote a pre-trained language model with parameters 0 by p, and use lowercase letters x, y, z, s, etc., to represent language sequences. Specifically, x=(x[1],x[2],...,x[n]), where each x[i] is a token. Thus, we define p0(x) = ∏ni=1 p0(x[i]x[1...i-1]).

图 6-92　ChatGPT 的语法纠错和文章润色能力

6.9 人力资源管理

人力资源工作者需要承担很多建立管理体系之类的工作，但占用时间更多的往往是独立的、不重复的工作，如与某位员工解除劳动合同、设计一份针对特定需求的员工调查问卷、设计某个新业务的奖金方案、填充固定模板中的文字、制作企业文化及节气海报等。人力资源工作者容易受零散、单次、多变工作内容的冲击，工作的体系性、连续性会受到影响，而 AI 可以帮助他们提升工作效率，花更多的时间关注不紧急但重要的工作。

AI 可以在以下方面辅助人力资源管理工作。

（1）招聘、培训、薪酬绩效相关文案撰写。AI 可以快速生成文本初稿，包括固定模板的方案初稿撰写等，大大节省基础工作所花费的时间。

（2）企业文化及员工关怀方案。AI 可以制定创意活动方案，如企业文化活动、公司团建活动方案等，提供新鲜、多样的活动创意，完成内部宣传资料的准备工作；AI 绘图工具可以基于特定的主题和内容自动生成相关配图、配图方案、视频截图甚至视频剪辑方案。

（3）劳动关系支持。AI 可以根据专业逻辑制定个性化方案，如劳动关系个案处理方案、具体项目的奖金方案、针对特定需求的员工调查问卷设计方案等。

6.9.1　自制问卷：员工调查问卷设计

开展人力资源工作往往需要收集员工的意见，所以日常沟通必不可少，但日常沟通无法保证关注并收集到企业中大多数员工的意见，因此向所有员工发放调查问卷是一种非常重要的信息收集方式。

例如，某金融公司需要了解中层管理者的胜任能力、工作开展情况，需要收集下属、平行部门、上级的意见。在此，我们需要设计一份员工调查问卷，此问卷要能客观地评价中层管理者的胜任能力、工作态度及能力，问卷内容应该是简洁、清晰、易答且考虑细节的，还要允许员工对不了解的内容不作答（见图 6-93 和图 6-94）。

zhichao zeng 晚上 11：45

假设你是一位资深的人力资源管理专家，请按照以下要求为我设计一份员工调查问卷。

1. 问卷采用五分量表，即每个问题可以选择 1~5 分；

2. 问卷将被用于收集全体员工对中层管理者的评价，请考虑金融行业中层管理者需要具备的能力来设计问卷；

3. 问卷需要包含一段指导语，不超过 200 字，用于指导员工填写问卷。

图 6-93　Claude 辅助设计员工调查问卷提示词

Claude 应用 晚上 11：45

下面是一份根据您的要求设计的员工调查问卷。

指导语：

亲爱的员工，这份问卷旨在收集您对公司中层管理者的评价。我们希望您根据自己的真实体验对每个问题进行 1 到 5 分的评分，1 分表示"非常不满意"，5 分表示"非常满意"。您的反馈意见有助于公司进一步提高中层管理者的管理能力和水平，请您认真回答以下问题，所有的答案将保密。谢谢您的合作！

问题 1：您对公司中层管理者在金融知识和专业技能方面水平的满意度是

1	2	3	4	5
非常不满意	不满意	一般	满意	非常满意

问题 2：您对公司中层管理者在领导能力和决策素质方面水平的满意度是

1	2	3	4	5
非常不满意	不满意	一般	满意	非常满意

问题 3：您对公司中层管理者在激励和提升下属能力方面水平的满意度是

1	2	3	4	5
非常不满意	不满意	一般	满意	非常满意

问题 4：您对公司中层管理者在沟通协调能力方面水平的满意度是

1	2	3	4	5
非常不满意	不满意	一般	满意	非常满意

问题 5：总体来说，您对公司中层管理者的满意度是

1	2	3	4	5
非常不满意	不满意	一般	满意	非常满意

图 6-94　Claude 输出的员工调查问卷

6.9.2 奖金方案：新业务的奖金方案设计

公司新开发一类产品后，人力资源管理部门往往需要为该类产品设计一系列管理安排，如团队配置、管控方式、激励机制等。其中，最核心的部分，也是产品团队成员最关注的部分，就是激励机制及奖金方案的设计。奖金方案的内容包括奖金额度、计提方式及考核指标、奖金发放周期等。确定奖金额度和发放周期时需要考虑公司内部的平衡性，与其他公司相比要有竞争力，这些都属于管理问题，不在 AI 设计方案时的考虑范围内。但是，计提方式和考核指标都可以尝试用 AI 辅助设计，以充分开阔视野，突破奖金方案设计的思维惯性。

例如，某金融公司希望以利润分成的方式确定某产品团队的奖金，前提是该产品团队独立核算，能够以半年、年度为周期计算出该产品团队的利润。奖金方案的内容包括奖金适用范围（不包括高管）、奖金分配原则、计提比例建议、绩效考核指标建议（如业绩达成情况、利润达成情况）等（见图 6-95 和图 6-96）。

zhichao zeng 凌晨 12：00
假设你是一名资深的人力资业管理专家，我的公司是一家金融公司，请以表格的形式为我列出金融类公司产品团队常用的考核指标，以及分别使用什么数据或信息对这些指标进行考核。

Claude 应用 凌晨 12：00
下面是金融公司产品团队常用的考核指标：

考核指标	数据或信息
产品盈利能力	产品利润、产品毛利率等
产品创新能力	产品数量，重要产品上市速度，获得专利或奖项情况
客户满意度	客户调查，客户投诉率、客户流失率

图 6-95　Claude 给出的产品团队考核指标

团队协作能力　　　　360 度评价，团队项目完成情况
员工工作效率　　　　个人工作量，任务完成进度，工作细致程度
风险控制能力　　　　产品风险评级，事故率，客户投诉内容等
员工学习能力　　　　培训参与度，取得新技能或资格证书的情况
业务拓展能力　　　　新客户开发数量、客户录入率、交叉销售率
员工主动性　　　　　主动提出工作计划及解决方案的频率，完成额外工作任
　　　　　　　　　　务的情况
团队创业精神　　　　团队凝聚力，对公司的认同感，员工退休率
对公司价值观的认同　员工行为是否符合公司价值观评价等级

图 6-95　Claude 给出的产品团队考核指标（续）

zhichao zeng 凌晨 12：04
不错，现在基于以上考核指标，为公司的产品团队制定一套奖金方案，以下是对奖金方案的信息补充和要求。
1. 我们公司产品团队分为产品子公司和下辖的各产品部门。
2. 奖金方案需要包括方案适用范围、奖金计算规则、奖金分配规则、奖金发放周期等内容，请举具体的例子加以说明。

Claude 应用 凌晨 12：04
根据您提供的信息，下面是我为公司产品团队制定的奖金方案。
方案适用范围：产品子公司和各产品部门。
奖金计算规则如下。
（1）子公司层面：子公司全年实现利润达到预算的 80% 及以上，子公司员工获得公司层面奖金，奖金额度根据子公司利润完成率确定，完成率每增加 10%，奖金增加 20%。例如，完成率达 90%，奖金额度为年薪的 40%。
（2）产品部门层面：部门全年实现毛利率达到预算的 85% 以上，部门员工获得部门层面奖金，奖金额度根据部门毛利率完成率确定，完成率每增加 5%，奖金增加 10%。例如，完成率达 95%，奖金额度为年薪的 25%。
奖金分配规则如下。
（1）子公司层面奖金：按贡献度高低分配，子公司管理团队占 40%，销售团队占 30%，其他团队占 30%。
（2）产品部门层面奖金：按绩效评级结果分配，A 级占 40%，B 级占 30%，C 级占 20%，D 级占 10%。
奖金发放期间：次年 2 月，与年终奖同时发放。
举例：若销售部门全年毛利率为 97%，则销售部门员工获得 25%×7%=17.5% 的年薪奖金，销售部门 A 级员工占 40%，则 A 级员工奖金额度为 17.5%×40%=7% 的年薪。
请您审阅该奖金方案，并提出宝贵的意见和建议。我相信您根据自身的丰富经验，定会对该方案提出具有针对性的优化建议。

图 6-96　Claude 给出的产品团队奖金方案

6.9.3 劳动关系：解除劳动关系方案起草

人力资源管理部门经常需要处理与员工解除劳动关系的工作。通常来说，业务部门打算与员工解除劳动关系时，会先行进行意见沟通，例如，与相关领导沟通并达成共识，甚至与员工本人沟通。成熟的业务部门管理者会提前与人力资源管理部门沟通，为其预留准备时间；不够成熟的业务部门管理者往往会在作出决策之后才与人力资源管理部门进行第一次沟通，在这种情况下，人力资源管理部门只有很短的时间可用于准备方案。在类似的场景中，AI 可以辅助人力资源管理人员快速出具劳动关系解除方案的初稿。

例如，某公司工作地由 B 市迁至 A 市，B 市现在有 3 位员工需前往 A 市工作，若其无法前往 A 市，则公司需要考虑与其解除劳动关系。

此时，人力资源管理人员可以使用 AI 快速了解适用的法律条款（见图 6-97），还可以进一步了解补偿金的计算方式（见图 6-98），以及可能的用工风险、与员工协商时的注意事项（图 6-99）。

zhichaozeng 凌晨 00：10

假设你是一名资深的人力资源管理专家，并且对《中华人民共和国劳动合同法》的条款极为熟悉，我公司现在需要搬迁，有 3 名员工不愿意前往新的办公地址工作，可能需要与他们解除劳动合同，请帮我列举出《劳动合同法》中涉及此种情形的条款。

Claude 应用 凌晨 00：10

根据《中华人民共和国劳动合同法》，涉及在这种情形下与员工解除劳动合同的相关条款主要如下。

1. 第三十六条 用人单位与劳动者协商一致，可以解除劳动合同。这属于劳动者主动要求解除合同的情况，公司可以根据员工的意愿终止合同。

2. 第五十条 用人单位应当在解除或终止劳动合同时出具解除或终止劳动关系的证明，并在 15 日内为劳动者办理档案和社会保险关系转移手续。这也体现了劳动者主动要求解除合同的权利。

综上，公司应与 3 名员工协商。如果达成一致，可以与其解除劳动合同。

图 6-97 Claude 给出的《劳动合同法》相关条款

zhichao zeng 凌晨 00：22

用人单位与劳动者协商一致，解除劳动合同时，经济补偿标准如何？

Claude 应用 凌晨 00：22

根据《劳动合同法》第四十七条规定，解除劳动合同时，用人单位应当按照下列标准向劳动者支付经济补偿：

1. 每满一年支付一个月工资的经济补偿；

2. 六个月以上不满一年的，按一年计算；

3. 不满六个月的，支付半个月工资的经济补偿。

所以，对于不愿搬迁的 3 名员工，公司需要知道他们的具体工作年限，然后根据以上标准支付相应的经济补偿。如果年限较长，补偿标准也会较高。

图 6-98 Claude 辅助整理的《劳动合同法》中的补偿标准

zhichao zeng 凌晨 00：23
如何与员工协商解除劳动合同，要注意什么，哪些内容不能说?

Claude 应用 凌晨 00：23
与员工协商解除劳动合同时，公司需要注意以下几点。
1. 应书面通知员工，说明解除劳动合同的具体理由，如公司搬迁等客观情况的变化，这些理由必须合法、真实和准确。
2. 应当充分听取员工的意见和诉求，在平等协商的基础上尽量减少纠纷，不能强制员工同意解除劳动合同。
3. 应解释清楚劳动合同解除后员工的权益和公司应承担的责任，如经济补偿标准、续保年限等。
4. 公司管理人员的语言和态度应当友好、平和，避免冲动和蛮横。不能对员工滥用职权，不得使用威胁利诱或欺骗等手段。
5. 应当书面确认协商结果，保证双方在解除合同过程中达成一致意见，并且理解各自的权利和义务。
6. 不能要求员工在明显违反法律法规的条件下解除劳动合同，也不能因员工提出合法权益要求而与其解除劳动合同。
7. 公司应严格按照《劳动合同法》规定的条件、程序、标准与员工解除劳动合同，不得擅自解除。
综上，公司应本着平等、合法、友好的原则与员工协商解除劳动合同，既要说明公司的困难和劳动合同无法继续履行的理由，也要充分保护员工的合法权益，任何高压威胁或侵犯员工权益的行为都应避免。

图 6-99　Claude 给出的与员工协商解除劳动合同时的注意事项

6.9.4 内部海报：企业文化、节气、生日海报设计

AI 可以提供海报文案及海报设计等方面的支持，帮助不懂策划和设计的人力资源管理人员做好企业品牌内部传播工作，免去跨部门协作的麻烦，显著提高工作效率。

例如，现在需要设计一张端午节海报，此海报将张贴在企业公告栏内，用于烘托节日气氛。我们可以将文案工作交给 ChatGPT，将设计任务交给 Midjourney。海报的风格应该是年轻化、乐观主义、

欢快的、积极的。

我们可以让 ChatGPT 撰写海报文案（见图 6-100）。经过几次调整，我们选择"粽飘艾香，唤起记忆长。龙舟竞渡，幸福在人间。端午祝福，家庭平安康"作为海报主体文字。

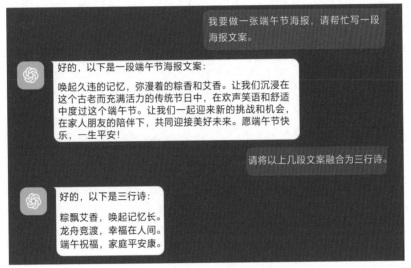

图 6-100　ChatGPT 辅助海报文案撰写

然后，我们为海报设计背景主体，这里使用 Midjourney 的 Niji version 5 绘图版本。具体的操作方法是在提示词区域输入"/settings"，进入设置面板后选中"Niji version 5"选项（见图 6-101）。

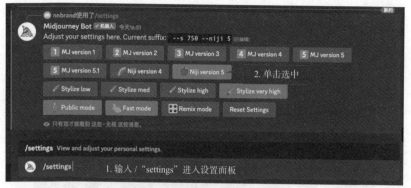

图 6-101　Midjourney 辅助海报设计

提示词：

A Chinese girl paddles a boat with a wooden carved dragon bead with the bow in the shape of a dragon head, figurehead is wooden dragon, the bow of the ship is a faucet carved from wood, Sitting on the wooden boat, happy, Chinese festivals, Dragon Boat Festival, Zongzi, mountain, spring, in the day, blue sky, grass, sea of flowers, IP by pop mart, Pixar trend, 3D art, intricate details, rich colors, clay material, soft lighting, low angle shot, OC renderer, C4D, best quality（一个中国女孩划着一条木雕龙船，船头是龙头形状，傀儡是木龙，船头是木头雕刻的龙头，坐在木船上，快乐，中国人节日，端午节，粽子，高山，春天，白天，蓝天，草地，花海，泡泡玛特风格，皮克斯潮流，3D 艺术，精致细节，丰富的色彩，黏土材质，柔光，低角度拍摄，OC 渲染器，C4D，高画质）

我们得到基本符合预期的 4 张图片，然后以同一关键词继续刷图（见图 6-102）。

图 6-102　Midjourney 重新生成的海报

经过多次调整，我们得到了 5 张效果不错的同系列图片（见图 6-103）作为海报背景。

图 6-103　Midjourney 辅助端午节海报设计

接下来，我们进入 Canva 平台，选择喜欢的模板并对以上素材进行二次处理（图片处理的具体方法详见 6.1.4 小节）。经过简单的处理后，我们得到了如图 6-104 所示的 5 张端午节海报。

图 6-104　通过 Canva 平台最终完成的海报

6.10　程序员

GPT 模型最令人惊艳的能力之一就是它可以根据文字描述输出代码，它支持输出 Java、C++、Python 等多种编程语言的代码，而且很多时候可以直接使用。有人说，未来人人都能借助 GPT 模型编程。

Github 是一个开放的程序托管平台，服务于世界各地 1 亿名以上的开发人员及 400 万个以上的组织，可以说是"世界上最大的程序员交流平台"。微软公司在 2018 年收购了 Github，然后把该平台上的数据交给 OpenAI 训练 GPT 模型。正因为如此，ChatGPT 及微软的 Copilot（基于 GPT-4 模型）成了众多程序员的一大利器。

6.10.1 代码实现：自然语言转代码

1. 自然语言转代码

利用 ChatGPT 的自然语言转换代码功能，程序员可以更快速地完成代码编写工作，特别是当遇到不熟悉的编程语言或函数时。ChatGPT 可以对代码进行解释，使程序员不再需要上网查阅各种博客来了解编程语言的用法，这给编程工作带来了极大的便利。

ChatGPT 在编程方面的另一个优势是其具备理解上下文的能力，它能够根据之前的对话内容理解用户的意图和上下文信息。这种能力在进行复杂的代码实现时或在需要多轮交互的场景中十分有用。

下面通过两个案例展示 ChatGPT 在代码编写过程中的连续性理解能力。

第一个案例：我们要求 ChatGPT 实现不同的代码（见图 6-105），它可以理解我们的要求，并根据我们的描述提供相应的代码示例。ChatGPT 能够根据之前的对话内容和我们的需求准确地生成代码，从而保持整个交互过程的连贯性。

Z　用 Python 调用 C++，输出"Hello, World!"。

要在 Python 中调用 C++ 代码并输出"Hello, World!"，您可以使用 Python 的 ctypes 模块与 C++ 代码进行交互。下面是一个简单的示例：

首先，创建一个名为"hello.cpp"的 C++ 源文件，其中包含一个输出"Hello, World!"的函数。

例如，以下是"hello.cpp"的内容：

```cpp
#include <iostream>
extern "C" {
    void hello() {
        std::cout << "Hello, World!" << std::endl;
    }
}
```

然后，将 C++ 代码编译为共享库（Shared Library），在 Linux 或 Mac 上，可以使用以下命令：

```vbnet
g++ –shared –o hello.so hello.cpp
```

在 Windows 上，可以使用以下命令：

```vbnet
g++ –shared –o hello.dll hello.cpp
```

接下来，使用 Python 调用 C++ 代码并输出"Hello.World!"，创建一个名为"hello.py"的 Python 脚本。

图 6-105　ChatGPT 能够根据要求输出代码

第二个案例：我们需要对既有代码进行修改，我们可以向 ChatGPT 描述修改要求并提供相关的上下文信息（见图 6-106），它能够理解我们的意图并提供相应的修改建议或代码示例。ChatGPT 可以结合之前的对话内容及需求的变化，在修改过程中保持上下文的一致性。

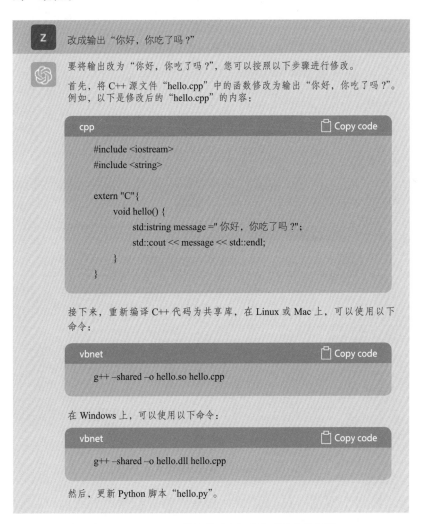

图 6-106　ChatGPT 能够联系上下文修改给定的代码

这种连续性理解能力使得 ChatGPT 在代码编写过程中成了一位有经验的"合作伙伴"。它能够在我们需要帮助时提供准确的代码解释、示例和修改建议,从而加快代码编写的速度和质量。

2. 减少代码编写量

在图 6-107 所示的案例中,我们需要将不规范的数据转换成规范的数据,将该字段的唯一值全部提取出来。我们可以让 ChatGPT 按照规则将每个专业的必选项与非必选项放在不同的 JSON 字段中,之后只需要把结果保存下来并明确对应关系即可。

再如,现在已经实现了一个网址解析模块,但是需要找一些网址做测试,我们可以让 ChatGPT 按照指定的规则随机生成一些网址(见图 6-108),就不用自己去网上搜索或自己生成了。

我需要你处理一些数据，这些数据代表学校专业的选科限制，我需要你按以下示例转换格式。
- '不限'表示为 {"must": [ ], "optional": [ ]}；
- '物理必选'表示为 {"must": [" 物理 "], "optional": [ ] }；
- '物 / 化 / 生（3 选 1）'表示为 {"must": [ ], "optional": [" 物理 ", " 化学 ", " 生物 "]}
- '政、地、史（3 科必选）'表示为 {"must": [" 政治 ", " 地理 ", " 历史 "], "optional": [ ]}
只有六个科目，分别是物理、化学、生物、政治、历史、地理。以下是需要转换的数据。
['不限'，'物理必选'，'物 / 化 / 生（3 选 1）'，'物理、化学（2 科必选）'，'物理 / 化学（2 选 1）'，'思想政治 / 历史（2 选 1）'，'思想政治、历史（2 科必选）'，'物 / 史 / 地（3 选 1）'，'物 / 地 / 史（3 选 1）'，'历史必选'，'化学必选'，'化学、生物（2 科必选）'，'物理 / 历史（2 选 1）']

以下是根据您提供的示例数据转换后的结果。

```bash
[
    {"must": [ ], "optional": [ ]},
    {"must": [" 物理 "], "optional": [ ] },
    {"must": [ ], "optional": [" 物理 ", " 化学 ", " 生物 "]},
    {"must": [" 物理 ", " 化学 "], "optional": [ ]},
    {"must": [ ], "optional": [" 物理 ", " 化学 "]},
    {"must": [ ], "optional": [" 思想政治 ", " 历史 "]},
    {"must": [" 思想政治 ", " 历史 "], "optional": [ ]},
    {"must": [ ], "optional": [" 物理 ", " 历史 ", " 地理 "]},
    {"must": [ ], "optional": [" 物理 ", " 地理 ", " 历史 "]},
    {"must": [" 历史 "], "optional": [ ] },
    {"must": [" 化学 "], "optional": [ ] },
    {"must": [" 化学 ", " 生物 "], "optional": [ ]},
    {"must": [ ], "optional": [" 物理 ", " 历史 "]},
]
```

图 6-107　使用 ChatGPT 转换数据

请帮我生成 100 个 URL 地址，要求 path 路径随机 1~5 层，以"/w1"开头，path 每段长度大于 3，并且要求域名不同。

以下是生成的 100 个满足要求的 URL 地址示例：

1. https://www.████1.com/w1/abc/def/ghi

2. https://www.████2.corm/w1/abc/def/ghi/jkl

3. https://www.████3.com/w1/abc/def

4. https://www.████4.com/w1/abc/def/ghi/jkl/mno

5. https://www.████5.com/w1/abc/def/ghi

6. https://www.████6.com/w1/abc

7. https://www.████7.com/w1/abc/def/ghi/jkl/mno

8. https://www.████8.com/w1/abc/def

9. https://www.████9.com/w1/abc

10. https://www.████10.com/w1/abc/def/ghi

11. https://www.████11.com/w1/abc/def/ghi/jkl

12. https://www.████12.com/w1/abc/def/qhi/jkl/mno/pqr

13. https://www.████13.com/w1/abc/def/ghi

14. https://www.████14.com/w1/abc/def

15. https://www.████15.com/w1/abc

16. https://www.████16.com/w1/abc/def/ghi

17. https://www.████17.com/w1/abc/def/ghi/jkl

18. https://www.████18.com/w1/abc/def/ghi/jkl/mno

19. https://www.████19.com/w1/abc/def

图 6-108　使用 ChatGPT 批量生成测试数据

6.10.2 代码纠错：修复程序缺陷

程序员在写代码的时候经常会遇到报错的情况，而很多报错信息可能从来没见过，也不知道如何处理。这时，可以直接把报错信息发送给 ChatGPT，询问出现该报错信息的原因，即使 ChatGPT 不知道上下文，也可以提供一个与该问题相关的例子并提供如何修改的建议。

在图 6-109 和图 6-110 所示的案例中，Python 程序执行时出现了报错信息，我们把报错信息发送给 ChatGPT，ChatGPT 给出了可能的原因——程序中有一个地方做了除以零的数学计算，提供了代码示例帮助我们理解，并提出了修改建议。

```
>>> a =1
>>> b = 0
>>> print(a/b)
Traceback (most recent call last):
    File "<stdin>", line 1, in <module>
ZeroDivisionError: division by zero
```

图 6-109　执行代码时的报错信息

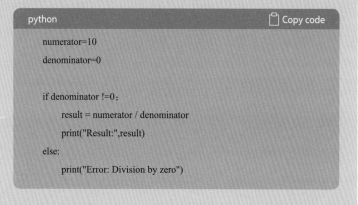

以下是我运行一段程序时出现的报错信息，请分析错误内容。
\###
Traceback (most recent call last):
File "<stdin>",line 1, in <module>
ZeroDivisionError: division by zero
\###

错误信息中出现了 "ZeroDivisionError: division by zero"，这意味着代码中进行了一个除以零的操作。

在 Python 中，除法操作中除数不能为零，因为除以零是没有定义的。当代码执行到除以零的操作时，Python 解释器会出现 "ZeroDivisionError" 异常。

要解决这个错误，您可以检查代码中的除法操作，确保除数不为零，您可以使用条件语句或异常处理来避免除以零。

以下是一个示例代码，演示如何避免除以零的错误：

```python
numerator=10
denominator=0

if denominator !=0：
    result = numerator / denominator
    print("Result:",result)
else:
    print("Error: Division by zero")
```

在这个示例中，我们首先检查除数是否为零，只有当除数不为零时才进行除法操作。若除数为零，则输出错误消息。

图 6-110　ChatGPT 基于报错信息给出的修改建议

6.10.3 代码理解：轻松加注释

在软件开发领域，当我们面对一大段缺乏注释且有复杂调用逻辑的代码时，往往会难以理解。这些代码可能是由其他开发者写的，也可能是自己在过去写的但很长时间没有维护了。在没有注释的情况下，我们需要花费大量的时间和精力理解代码的用途、工作原理和逻辑。

当我们尝试使用搜索引擎来解决问题时，可能会发现很难找到与具体代码相匹配的答案。搜索引擎提供的往往是宽泛的编程知识和解决方案，而不是针对特定代码片段的详细解释。因此，直接使用搜索引擎可能无法满足我们理解特定代码的需求，尤其是当代码具有复杂的调用逻辑和特殊的实现方式时。

在这种情况下，ChatGPT 可以成为我们的得力助手。它可以解释给定的代码并添加注释，帮助我们更好地理解代码的功能和作用。ChatGPT 对各种编程语言和编码范式有广泛的了解，可以解释代码中使用的特定术语、算法和设计模式。

通过直接向 ChatGPT 提问，我们可以获得代码的详细解释和相关背景知识。ChatGPT 可以帮助我们理解代码中各个部分的作用、数据流动和控制流程。它可以解释代码中使用的函数、变量和数据结构，并提供示例和示意图。另外，ChatGPT 还可以根据我们的需求为代码添加注释和说明，使其更具可读性和可维护性。注释可以帮助其他开发者或自己在未来重新阅读和理解代码时更快地获取关键信息。这对团队合作、代码维护和项目迭代非常重要。

例如，图 6-111 所示的案例中，我们询问 ChatGPT 某个函数的功能是什么，ChatGPT 给出了对该函数功能的解释、变量的含义及使用方式，并在代码中给出了注释。

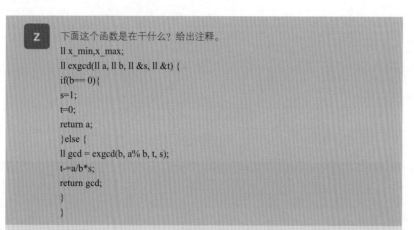

这个函数是在实现扩展欧几里得算法（Extended Euclidean Algorithm），用于计算两个整数的最大公约数（Greatest Common Divisor，GCD）以及一对整数的线性组合，满足贝祖等式（Bézout's ldentity）。

函数注释如下：

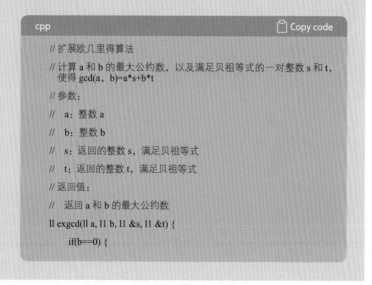

图 6-111　ChatGPT 的代码翻译功能